Idea
man

3秒思考 2秒決定！

日本第一

創意文具店
KOKUYO員工
必修的
超效率思考術

コクヨの「3秒で選び、2秒で決める」思考術

KOKUYO研習單位
「Skill Park」資深訓練員　下地寬也｜著

陳美瑛｜譯

小林在會議中被考倒

「關於這次的新產品研發，公司希望開發跟其他公司有較大差異的新功能與新價值的產品，不知各位有沒有什麼想法？」

須藤董事在會議中的提問一如往常，總是非常抽象。

「就算公司的想法是這樣，但是這個業界已經是個成熟的市場，完全無法想像能有什麼新功能或新價值呀。」

小林的腦中隱然有這樣的想法，就在這一瞬間⋯⋯

「小林，你覺得如何呢？」

突然被須藤董事點名。

「嗯⋯⋯是啊。關於這個問題啊⋯⋯」

雖然小林想回答，但是腦袋反而亂成一團。然後大概沉默了十秒⋯⋯

腦中浮現一個想法，嘴巴就直接說出來：「是這樣的，我覺得現在的市場已經很成熟了，再加上目前的景氣⋯⋯」

「功能方面現在已經有消音設計與兩階段鬧鈴功能⋯⋯」

小林覺得自己已經開始語無倫次，不知道該如何收尾，於是發出尷尬的笑聲。

「須藤董事，能讓我發表意見嗎？」

比小林早五年進公司的前輩，大木舉手了。

「我認為這次不要執著提升產品功能，是不是應該一一檢視產品具備的所有功能，只留下真正必要的功能呢？根據最近的問卷調查結果顯示，許多消費者認為產品功能太多，很難搞清楚每個

功能的用途，有些功能甚至幾乎沒有機會用到。如果只留下最基本的功能，同時設計成方便使用的產品，我想這樣更容易受到年輕女性的消費者喜愛……」

整個會議室充滿著恍然大悟的氛圍。

「大木，你的想法好像不錯喲。能不能跟小林一起研究一下？」大木前輩一發言，須藤董事也不知為何就點頭表示贊同。

大木前輩馬上回答：「好的，那麼可以給我一星期的時間嗎？我會跟小林一起想出初步的企畫案。」

「什麼？只有一個禮拜的時間就要做出企畫草案？」比起自己被捲入這項企畫，小林對於大木的快速回答更感到驚訝！

會議結束了。回座位的途中，小林向大木前輩請教一個問題。

「大木前輩，請問為什麼您做事總是能夠這麼明快呢？我花了很多時間思考，既無法做出結論，頭腦的運作也很遲鈍哪。」

「小林，其實我以前也跟你一樣喔，我原本是那種經常煩惱不知該如何是好的個性。」

小林對於腦筋轉得快的大木前輩意外的自白感到非常訝異，大木前輩繼續說：「不過，其實這是有訣竅的，大部分的事情在五秒鐘左右就可以回答得出來喲。我會先搜尋腦中的知識或資訊，利用三秒鐘找出選擇項目，兩秒鐘評估然後做出決定，大概是這樣的過程吧。」

「！！」小林完全說不出話來。

「前輩可以教教我嗎？」

「哈哈，沒那麼誇張啦。不過，無論是什麼工作，以什麼樣的順序，大致上都是一樣的。只要知道思考的流程。」

於是大木前輩開始說明……

小林是否能夠學會大木前輩的訣竅呢？

其實，在我工作的「國譽」（編注）裡，有人就算被要求「以新的觀點思考」也什麼都想不出來，也有人執著於追求更好的方案而遲遲無法前進，或是有人在會議中總是無法清楚表達自己的意見；另一方面，也有人一個工作接著一個工作完成而早早下班，或者有人能夠在不是自己負責的會議中以銳利的觀點提出看法。

這些人就是能夠「三秒思考選項，兩秒決定」的人。

不過，這個訣竅並非頭腦的反應「快速」，而是「不會猶豫」思考的順序。

因此，他們從容地提高效率，並且能夠產出勝過他人的高品質成果。

這樣的技巧是以五種模式為基礎，也就是「安排」、「蒐集資訊」、「創意」、「決定」、「傳達」等。希望讀者能夠透過本書，瞭解這五種模式，確實學會「三秒選擇，兩秒決定」的技巧。

在職場中，自己不斷思考新的答案，同時追求進步的創造性工作越來越多。最終來說，就是要追求被徵詢想法或面對任何問題時，「都能夠快速回答」的目標。

這樣一定能夠在短時間之內完成眼前的工作，並且熱情地投入工作，無論公私都能過著充實的人生。

譯注：
國譽集團（KOKUYO GROUP），日本最大的文具及辦公家具製造商。

3秒思考，2秒決定！

日本第一創意文具店KOKUYO員工必修的超效率思考術

第三章　「三秒思考選項，兩秒決定」的【創意】模式

快速學會專欄4　發現「古老的新東西」 —— 126

第四章　「三秒思考選項，兩秒決定」的【決定】模式

快速學會專欄5　過了一夜還留在腦中的資訊，就是最重要的資訊 —— 148

第五章　「三秒思考選項，兩秒決定」的【傳達】模式

想成為

「三秒思考選項，兩秒決

定」的人應該記住的

十二項重點

「三秒選擇，兩秒決定」的人不會猶豫！

　　每次看到做事速度慢而需要經常加班的人，就會發現他們每天都會被主管罵，「你到底在磨蹭什麼？」、「你都沒有想過工作的先後順序嗎？」

　　如果仔細觀察那些「做事慢吞吞」的人，會發現他們在工作上有非常明顯的三種特徵。

①在無需猶豫的節骨眼猶豫了

　　「要從哪裡著手比較好呢？從這件事開始嗎？還是那件事？不過總覺得哪邊都不對。」（哎喲，越來越搞不清楚了……）

　　明明就不是迷宮，自己卻蓋了一座迷宮，然後走了進去。

②在不用花時間的部分浪費精力

　　「怎麼樣的表現比較好呢？還是再仔細調查一下比較好吧。顏色再深一點可能好一點吧。」（希望有多一點的時間……）

　　明明整體的樣貌都還不完全，卻把時間花在小細節上。

③交出來的資料經常需要重做

　　「這樣的資料應該會批准吧……因為主管連小細節都會檢查呢。希望一次就能夠過關。」內容沒有達到對方要求，總是不斷修改，導致工作進度受到影響。

　　「三秒選擇，兩秒決定」的人完全不會有上述三種狀況。請先仔細想想自己的工作狀態，檢查自己是否有上述三種嚴重的問題。

如果陷入這三種嚴重的狀態，要小心！

在無需猶豫的節骨眼猶豫了

已經精疲力竭了。

該不會是那邊吧？

到底要往哪邊走才對呢？

在不用花時間的部分浪費精力

黃色要再稍微濃一點比較好吧……

交出來的資料經常需要重做

我從這個方向思考！

完全沒切入重點呀。

這麼一來就要重做了。

重點 2 「三秒選擇，兩秒決定」的人會使用「模式」

聽到「三秒選擇，兩秒決定」的訣竅，各位腦中會浮現什麼樣的畫面呢？

可能是讓腦子高速運轉，或是二十四小時全日無休的動腦畫面吧。

然而工作效率高的人，總是看起來像在發呆，或是總有充裕的時間，而非老是埋頭工作。

為什麼他們可以如此「快速」而且「不疲倦」，同時又能夠產出「高品質」的成果呢？

其實那是因為他們知道做事方法的「模式」。所謂模式，可以說就是「以這樣的順序進行的話，大概就可以順利完成的固定方式」。

例如，餐廳主廚的烹飪「模式」，就是腦中儲存著許多做菜的步驟，所以他們上菜的速度快，品質也最好。另外，運動方面，特別是柔道這種運動，也都是以「模式」學會各種招式，數學公式也有解題的「模式」等等。

這些「模式」的特徵就是，如果不知道模式，就會不知該怎麼做而浪費許多時間。

總之，所謂「三秒選擇，兩秒決定」，就是「因為知道模式而瞭解清楚的做法，所以才會快速」，而非只是加快頭腦的轉速。

如果知道烹飪步驟（模式），任誰都能夠快速端出美味料理！

不知道烹飪步驟（模式）來做菜的話……

如果知道烹飪步驟（模式）的話？

馬上就完成了！

「三秒選擇，兩秒決定」的人不會搞混「答案」與「做法」

被主管或客戶委託不曾做過的工作時，各位會如何面對這項工作呢？

「怎麼辦？○○好嗎？還是△△比較好呢？不，上次……」，有時候會像這樣不知所措吧。像這種時候，腦中大致會思考兩件事。

①答案（哪一個比較好？）
②做法（應該做什麼呢？）

「三秒選擇，兩秒決定」的人會清楚整理這兩件事。「首先做這個然後做這個，最後再做這個的話，大致上就會得到『答案』了吧。」他們會靈活運用「模式」來做事。

當然，他們並不是一開始就知道答案。不過他們對於「以這樣的順序思考，應該就會得到答案」的流程（進行的模式）充滿自信。

提倡工作與生活並重的知名人士「Toray經營研究所」佐佐木常夫先生年輕時，總是一邊整理書庫，一邊仔細研讀前輩製作的資料，由此學會了能夠應對各種狀況的製作資料的「模型」，工作效率也因此而提高了。

達成目標的過程很簡單

思考的順序是……

做法只要跟前輩以前負責的那件工作一樣就可以了。

那麼，參考那份資料跟這份資料的話，答案就會出來了吧。

「三秒選擇，兩秒決定」的人會先「假設」答案

聽到「三秒選擇，兩秒決定」時，一般人可能會有以下兩種反應。

① 「什麼！我腦筋沒辦法動得那麼快啦！」
② 「沒錯沒錯，大致上來說就是那樣的感覺吧。」

不過，這個「三秒選擇，兩秒決定」的思考並不是指飛快的速度。

問你問題的人總共只會等你「五秒」的時間。一旦超過五秒鐘，對方應該就會開始著急：「到底要想到什麼時候啊！」

總之，在職場上必須能夠以這樣的速度歸納自己的想法，並給出答案。

還有，這裡所說的「答案」，不見得就是完全正確的答案，而是組合現場所得到的資訊所提出的「假設性答案」。「三秒選擇，兩秒決定」的人經常會在現階段想出某個答案，工作進行到某個階段後修正方向並修改答案。如此不斷重複修正答案，以逐漸提高答案的準確度（正確性）。

右圖呈現的是「三秒選擇，兩秒決定」的人與不擅長立刻回答的人之思考習慣。你屬於哪種類型的人呢？

辦得到與辦不到的人之間有極大的差別！

不擅長立即回答的人　　　　　　　　「三秒選擇，兩秒決定」的人

只**看得到**眼前的課題	能夠**想像**工作的整體樣貌
只能夠以**自己的觀點**看事情	能夠瞭解**對方**想要的東西
經常**猶豫**工作的方式	套用工作的模式思考，所以**不會猶豫**
一直找尋**正確解答**	明白答案不會只有一個
害怕失敗所以無法行動	相信總會有辦法達成**目標**

「三秒選擇，兩秒決定」的人會以五個步驟思考

「三秒選擇，兩秒決定」的人，平常就會在瞬間利用以下的步驟思考。

①首先找出整體樣貌

先思考「對方的意圖或目的是什麼？要如何回答才好？」同時也要想想自己的回答是否可行、需要多少時間與精力等大致的安排情況。

②搜尋腦中的知識

思考是否有跟答案相關的資料或類似的模式。不足的資訊則建立假設補足。

③發揮創意，選出數個選項

把大致的資訊存放腦中，同時選出問題與解決對策的數個選項。不要單純地只選擇一個資訊，應該試著排列組合，找出適合的選項。

④評估並且鎖定、做出決定

鎖定實際且可能有效的最終方案。先利用直覺，從許多選項中鎖定，然後以邏輯追蹤並確認該決定是否正確。

⑤思考傳達方式

想像對方在意的部分，再選擇說明方式。

思考周全決定才會快速

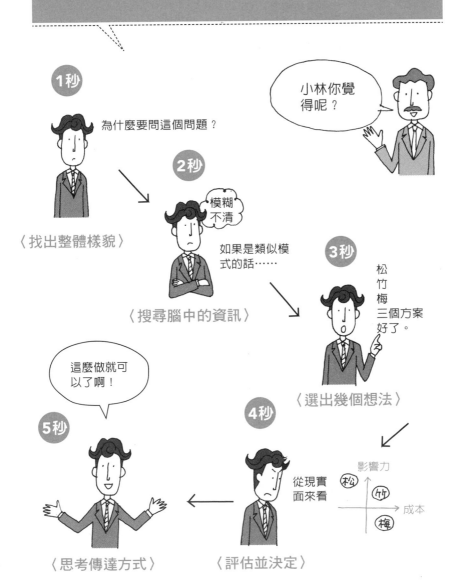

「三秒選擇，兩秒決定」的人明確區分「選項」與「評價」

①從繁多的項目中選出數個選項

②評估選項後決定

不僅限於工作，在餐廳點餐、決定旅行目的地時，都可以依照上述提示的方法找出幾個選項，進行評估後做出決定。

「三秒選擇，兩秒決定」的人會非常清楚地區分①與②。

也就是說，他們搜尋選項時，會先把心力集中在「找出選擇項目」，至於決定則晚點再做。

找出數個必要選項之後，接著思考「要以什麼樣的判斷標準（判斷主軸）來決定」，然後決定最終方案。

要經常重複練習這樣的流程。

雖然有些離題，不過其實在會議中，這樣的思考方式也是很重要的。

首先竭盡所能想出所有可能的想法（稱爲「會議的發散」）。

然後比較所有的想法，鎖定最好的一個再決定（稱爲「會議的收斂」）。

基本上一個人思考跟眾人一起討論是一樣的，重點是提出所有能想到的方案，然後從中決定一個最好的。

不要這個、那個的猶豫不決！

總是說不出答案的人腦中雜亂無章

能夠立刻回答的人是分開思考的

重點 7 「三秒選擇，兩秒決定」的人隨時都在鍛鍊預測答案的能力

利用網路搜尋資訊時，只要輸入第一個字，電腦就會預測你所要輸入的關鍵字，而顯示可能的詞彙。

例如，假設現在要搜尋「效率工作術」，在鍵盤上輸入「效」字後，搜尋欄位就會出現「效果、效用、效率……」等選項，如果輸入「效率」，就會出現「效率效能、效率市場、效率值……」等詞彙可供選擇。

「三秒選擇，兩秒決定」的人就是這樣思考的。有人提問時，他們不是等對方問完後才開始想答案，而是當對方一開口，他們就開始搜尋答案的選項。

「他想問我什麼呢？這樣的切入點，可能是對於下屬的加班問題感到苦惱吧。那麼，我能給他的建議是……」

總之，若想要達到五秒鐘速答的程度，就要在腦中模擬「假設性答案」，以得到最好的回答。對話中必須不斷改變這個假設性答案，直到正確為止。

會議或談判中，就算沒有被要求發言，自己也要在腦中思考如果是我的話，我要說些什麼？這將會是非常好的訓練思考的方法。

傾聽時根據所得訊息預先思考答案

是這樣的，我的下屬做事⋯⋯

這樣的說法，可能是有關加班的事情吧？若是這樣的話⋯⋯

預測接下來的內容

所以

「三秒選擇，兩秒決定」＝能夠速答

「三秒選擇，兩秒決定」的人 對工作的時間有概念

寫一封簡單的電子郵件、製作一份A4內容的資料或是向主管報告等等，各位是否有概念需要花多少時間呢？

「三秒選擇，兩秒決定」的人，對於做任何事情都有非常明確的時間概念。

由於瞭解做什麼事情需要多少時間，所以他們排定的時間不會延誤。

總之，他們工作時腦中經常意識著時間。

無法做到「三秒選擇，兩秒決定」的人，對於寫一封電子郵件或是向主管報告要花多少時間等，完全沒有概念。寫一封電子郵件就是毫無限制地花時間把需要的內容寫完，說明到主管理解為止。

若是這樣就無法掌控時間。正確的做法應該是在已經決定好的時間內組合所需的內容，而非無止盡地花時間直到內容做完為止。

假使如果手上沒有碼錶或是附有碼錶功能的手機，請務必準備一個放在公事包裡。試著計算各項工作所需的作業時間，這樣馬上就能夠培養工作的時間概念。

清楚認知每項作業所需的時間非常重要！

我有十分鐘，所以可以寫三封電子郵件，外加一頁的報告吧。

我的時間運用是花五分鐘寫三封電子郵件，五分鐘寫一頁報告，若是向主管報告則需要十分鐘。

也建議利用碼錶計時。

重點 9 「三秒選擇，兩秒決定」的人擅長創造性的工作

各位平常所做的工作中，創造性工作與制式工作的比例是如何呢？

①創造性工作＝產出創意、思考企畫→目標尚未決定的工作

②制式工作＝輸入資料、處理傳票、製作月報告的資料→目標已經決定的工作

每個人的工作各有不同，不過大致上來說，大部分的人應該是創造性工作：制式工作＝二：八。

與制式工作相比的話，創造性工作壓倒性地耗費許多時間，而且工作快速的人與緩慢的人在速度上很容易產生差距。

舉例來說，假設工作內容是輸入資料的制式工作，輸入速度快與速度慢的人之工作成果的差距頂多是十倍左右。

然而，思考企畫這類創造性工作時，速度快與速度慢的人之間，可能就會產生一百倍以上的差距（擅長企畫的人一天想到的內容，與不擅長企畫的十個人花十天所想出來的內容，大體上前者的品質會比後者好）。

「三秒選擇，兩秒決定」的人就算面對創造性工作，也會靈活運用思考方式而獲得滿意的成果。

總之，如何提高創造性工作的效率，將大大地影響工作的產出與評價。

越是創造性的工作越容易在速度上產生差距

制式**工作**
· 輸入資料
· 處理郵件
· 製作報告

10倍

（快速的人　1人）　　　　　　　（緩慢的人　10人）

創造性**工作**
· 產出創意
· 擬定企畫案
· 思考設計案

靈光乍現

100倍以上

氣氛沉悶

（快速的人　1人X1天）　　　　　（緩慢的人　10人X10天）

「三秒選擇，兩秒決定」的人用不同方式面對「制式」工作與「創造性」工作

創造性工作與制式工作的做法大不相同。

如果是制式工作，把需要做的工作列在「工作清單」上，然後一件一件依序完成，這樣的做法會比較順暢。

寫出每件工作的預估時間，試著在預定時間內完成，用玩遊戲的心情投入工作。

另一方面，創造性工作就會如下述般同時並行。

①腦中浮現著數個（創造性工作的）主題

首先，針對腦中浮現的主題，先想想有哪些想法。當然，「選出選項」與「評估並決定選項」要分開進行（→二二頁）。

②一邊切換至其他主題一邊進行

花一點時間思考後，應該也得到一些還不錯的想法，雖然可以預見在現階段這些想法或許是最好的，不過也會覺得還不夠。想到最後沒有更新的想法了，就先把這個主題放在一旁，開始思考別的主題。然後，當第二個主題也遇到瓶頸而無法前進，就再轉移到其他主題。通常隔一陣子再回到原來的主題時，腦中就會浮現以往沒有發現的嶄新創意。

改變工作的做法，速度也會加快

制式**工作** 　一件一件依序完成。

完成四件，
　還有三件……

創造性**工作** 　同時並行，一邊切換一邊思考。

想法遇到瓶頸時就
轉換另一個主題。

企畫A

企畫C

企畫B

「三秒選擇，兩秒決定」的人必須具備的思考模式

本單元將介紹成為「三秒選擇，兩秒決定」的人必須具備的思考「模式」。「模式」有以下五種。

①「安排」

首先要俯瞰整體樣貌，思考大致的流程與結果（應該做什麼、成果、目標）。

②「蒐集資訊」

產生想法之前要蒐集資訊。整理自己腦中的知識與眼前既有的資訊，接著思考需要調查哪些資料。

③「創意」

在這個步驟終於可以開始動腦了。組合手邊蒐集到的訊息，一邊改變排列組合，一邊選出幾個選項。

④「決定」

選出數個解決對策的選項後，評估哪個選項比較好，然後決定。運用直覺與邏輯評估，最後再做出結論。

⑤「傳達」

不是得到答案（結論）工作就算完成，要向對方說明並獲得對方認同之後，才算是大功告成。

大致上就是這樣的順序思考。每經過一個輪迴都會加快完成每項工作的速度。

還有，當你掌握了這個訣竅時，表示你應該也學會了「三秒選擇，兩秒決定」的技巧了。

學會基本模式來獲得最大的成果吧！

安排
- 俯瞰並掌握整體樣貌。
- 思考目的、結果、做法。
- 明確制定行程表與任務分配。

蒐集資訊
- 蒐集主題內資訊、主題相關資訊、一般資訊。
- 抱持著觀點讓資訊浮現。
- 預先製作自己專屬的資訊箱。

創意
- 思考現狀、理想、原因、解決對策等四點。
- 利用比喻的例子想像未來。
- 利用二軸解決取捨問題。

決定
- 選擇以直覺優先，邏輯次之。
- 以最高與最低標準制定範圍。
- 同時考慮數字與情感等兩個面向。

傳達
- 以正確言論＋具體對策說明。
- 以具意想不到的對比製造說話內容的節奏感。
- 說話的方式要讓對方產生活力。

那麼出發吧！

重點 12 > 「三秒選擇,兩秒決定」的人就算套用模式思考也依然具有創意

　　就算聽人家說「模式」很重要,也有人認為「我想用自己的方法做出自己的風格」,或是「單純的工作我可以理解,但是企畫、研發、提案等需要創意的工作也必須記住這些模式嗎?」

　　沒錯,無論你的工作多需要創意,「模式」都是必須的。

　　如果你看過以前非常受歡迎的《料理鐵人》節目,應該就不難想像烹飪是需要創意的工作吧。看到頂級廚師在短短一小時之內完成好幾道創意料理,就會明白「模式」與創造性工作是可以同時成立的。

　　倒不如說,不知道模式卻能夠生產具有創意的東西,才是真正的天才吧。所謂「模式」就是前人累積出來的「順利完成的步驟說明」。就算知道這樣的固定順序,成果也會因為加入的巧思不同,而讓人感覺驚豔或平凡,而這就是勝負的關鍵點。

　　據說日本知名的單口相聲大師立川談志曾經對門下弟子說過:「有模式的人突破模式稱為創新,沒有模式的人突破模式叫做丟臉。」就算是想出如此天馬行空相聲內容的大師,也會在擁有模式之後,再透過自己的巧思進行創作。

　　從下一章開始,筆者將詳細說明「三秒選擇,兩秒決定」所必須具備的「五種模式」。

能夠在模式之下加入巧思的人才叫「厲害!!」

沒有「模式」的人

用我的方法來做！

這樣做不完啦！

未處理

主管

擁有「模式」並且更進一步「加入巧思」……

這樣整理的話好像比較好。

俐落

完成

了不起！

主管

強迫自己靜下來五分鐘

　　看小孩子寫作業的過程就會瞭解，要真正靜下心來動手寫功課是很花時間的。他們會一下子看電視，一下子玩電玩……當你問他們「功課做完了沒？」「嗯，還有一些……」，總之就是很難靜下心來寫作業。

　　工作方面也經常看到這樣的情況。

　　以前筆者曾經在電視節目上看到搞笑藝人渡部建介紹投入工作的訣竅。

　　那就是「ONCE DONE IS HALF DONE」（一旦開始第一步就等於完成一半）。投入工作之前總是不容易靜下心來，不過一旦開始著手進行，工作就等於做完一半了。因此最重要的就是著手進行。

　　當手邊堆滿未處理的工作時，內心可能會覺得很煩而有抗拒的心態。不過，每一項工作只要先花五分鐘寫下該處理的項目，光是這麼做，就能夠幫助工作順利進行。

第 一 章

「三秒思考選項，兩秒決定」的【安排】模式

以「目的」、「成果」、「方式」的順序思考

在工作上進行「安排」（準備）時，可能有人會叮嚀你「要先俯瞰整體樣貌」吧。但是就算聽到這樣的建議，你可能也不知道「到底要俯瞰什麼才好」吧。

特別是首次接觸的工作。由於不知道該如何掌握整體樣貌，所以就會產生「算了，且戰且走」的心態，結果可能做到一半才發現方向完全不對。

那麼，工作的安排到底要考量些什麼呢？我認為有以下三點。

①目的（WHY）：為什麼要做這件事？目的為何？

②成果（WHAT）：要做什麼才好？

　　　　　　　　成果（資料等）或目標是什麼？

③方式（HOW）：如何做？

　　　　　　　　誰來做、截止日期、要以什麼樣的順序做？

舉例來說，如果是活動企畫的話，思考內容就是「①目的：招攬五十名以上的顧客註冊」、「②成果：準備能夠招待五十人的兩倍，也就是一百名顧客的活動與餐飲」、「③方式：業務部負責執行，業務企畫部利用三個月的時間思考活動內容並實施」，大概就是以上描述的感覺。

說到「安排」，可能許多人會以「③方式」為思考重點。不過，為了不讓整個作業在中途走偏了，應該先確實瞭解「①目的」與「②成果」，再付諸行動。

徹底瞭解「為什麼」、「做什麼」、「如何做」

目的
WHY

為什麼做

希望募集五十名以上的會員名單。

↓

成果
WHAT

做什麼

舉辦可招待一百人的派對活動。

↓

方式
HOW

如何做

以三個月的時間，業務負責執行，企畫負責籌畫活動。

培養從「目的」開始思考的習慣

　　當有人委託你一項工作時，你的腦中最先想到的是什麼呢？例如受託做一項競手的動向調查……

　　「那麼，該怎麼做呢？」或許腦中會浮現這個念頭，若是如此，那你就忽略了最重要的事情了。

　　「三秒選擇，兩秒決定」的人想的與你不同。他們腦中想到的是「為什麼（為了什麼目的）要做這件事？」也就是說，他們想的是「目的」。

　　假設應該做的工作是「WHAT」（要做什麼？），那麼「如何做？」就是「HOW」，「為什麼（為了什麼目的）要做這件事？」則是「WHY」。

　　對於大部分事物，腦中都要清楚認知「WHY：為什麼（目的）」→「WHAT：做什麼（成果）」→「HOW如何做（方式）」的順序。

　　沒有深思目的就魯莽行動的人很容易浪費時間。因為就算花時間蒐集整理資料，只要與目的不合就會被對方否決，「不，這不是我要的。」

　　因此，自己應該某種程度先推測目的，然後具體詢問「這項競手調查是作為業務提案的參考資料嗎？」

「如何做？」之前要先確定「為什麼要做？」

受委託時，先思考「方法」的人

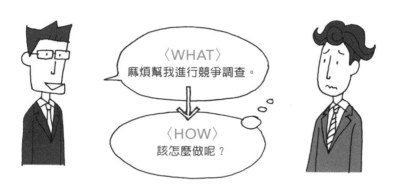

〈WHAT〉
麻煩幫我進行競爭調查。

〈HOW〉
該怎麼做呢？

受委託時，先思考「目的」的人

〈WHY〉
目的是作為提案的
參考資料嗎？

〈WHAT〉
麻煩做競爭調查。

〈HOW〉
以X公司與Y公司的型錄
為主進行調查。

思考上位者看不到的 「目的」並付諸行動

前面提過，考慮工作的安排時，首先知道「目的」是非常重要的。不過還有一點要注意的是，隨著職位的降低，「目的」也容易跟著偏移。

假設業務部的高級主管對你的主管做出指示：「在業績不振的情況下，為了確保公司的利潤（從高級主管的角度所要的目的），希望減少業務部五十％的加班時數，所以請評估引進IT日報系統的可行性。」

接著你的主管可能會省略「減少業務部五十％的加班時數」（從主管的角度所要的目的），然後指示你「為了評估引進IT日報系統，請調查業務工作的問題」。

這麼一來，你就會思考「為了評估引進IT日報系統（目的），所以要調查業務工作的問題，是否要對業務部員工進行問卷調查呢？」

然而，最開始高級主管所想的是「在業績不振的情況下，為了確保公司的利潤」，如果沒有瞭解這個「最根本的目的」，可能就會設計出一份完全文不對題的問卷。

這麼一來，公司對你的評價可能就會大大降低呢。

清楚瞭解上位者的目的再著手工作，這樣才能夠獲得高品質的成果。

要注意依著職位的不同，目的也會跟著產生偏移

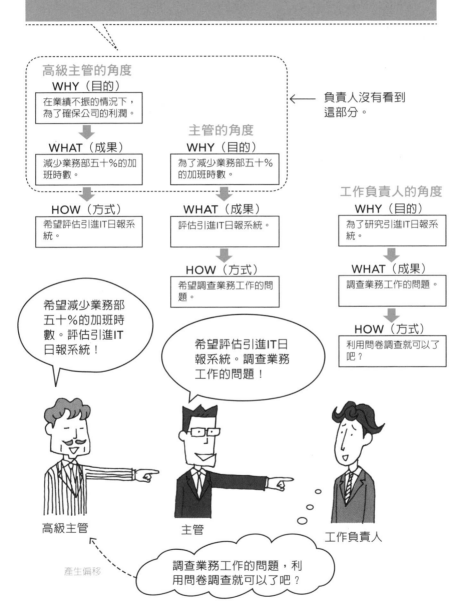

高級主管的角度
WHY（目的）
在業績不振的情況下，為了確保公司的利潤。

→ 負責人沒有看到這部分。

WHAT（成果）
減少業務部五十％的加班時數。

主管的角度
WHY（目的）
為了減少業務部五十％的加班時數。

HOW（方式）
希望評估引進IT日報系統。

WHAT（成果）
評估引進IT日報系統。

工作負責人的角度
WHY（目的）
為了研究引進IT日報系統。

HOW（方式）
希望調查業務工作的問題。

WHAT（成果）
調查業務工作的問題。

HOW（方式）
利用問卷調查就可以了吧？

希望減少業務部五十％的加班時數。評估引進IT日報系統！

希望評估引進IT日報系統。調查業務工作的問題！

高級主管　　　　主管　　　　　工作負責人

產生偏移

調查業務工作的問題，利用問卷調查就可以了吧？

先想像「成果畫面」

自己首次進行一項工作時，例如「思考新的企畫案」，或是「研發一項市面上不曾有過的新商品」等，相信你腦中一定完全不知道應該呈現什麼樣的「成果」吧。

即便如此，建議你**就算是瞎掰也要想像一個畫面出來**。

例如，假如工作成果是資料的話，就先暫時列入資料的項目、頁數等等。

資料的項目如果有「前言」、「今天的流程」、「市場動向」、「競爭狀況」、「本公司的強項、弱點」、「提案的概念」、「詳細內容」、「日程表」、「預算」、「體制」等，這樣應該就夠了吧，資料的頁數頂多二十頁左右吧。像這樣先暫時設想內容，工作的做法就會變得明確。

另一方面，**當成果是具體的物品或服務的話，可以跟過去的類似商品比較，然後想像。**

例如研發新商品時，「與競爭商品相比的話，功能方面至少有一項優點，價位相同，設計方面以年輕女性容易接受的方向為主」，像這樣思考的話，成果的畫面就會變得很清楚。

當然在過程中或許會發現成果與原先假設的畫面大不相同。不過，預先假設成果與什麼都不想就著手進行，兩者的作業速度是完全不同的。

建立「假設的目標」再著手進行，
將會大幅提升作業效率

〈想像成果〉

雖然不是很清楚，不過
資料的內容如果有⋯⋯

本公司的優、缺點

競爭狀況

市場動向

今天的流程

前言

○○ 提案報告

資料二十頁應該夠吧？

建立清楚時間間隔的日程表

工作時，你是否曾經有過「哎呀，時間快來不及了，完蛋了……」的經驗？

「三秒選擇，兩秒決定」的人擅長掌握作業內容與時間間隔，也就是「要以多少時間」、「什麼樣的順序」來處理複雜的工作。

若想達到這樣的程度，必須習慣在開始工作前，就先建立清楚時間間隔的日程表。

經常看到「6/12～16彙總詳細作業內容」，這種以條列方式列出待辦事項的日程表。不過，這樣的做法無法瞭解現實的時間進程。

甚至由於每項工作之間互有關連，經常發生A工作沒有完成就無法進行B工作的情況。

總之，以簡單的形式呈現就可以了，如右下圖那樣，在整個時間表上清楚標示時間，哪項作業以什麼樣的順序、花幾天（或幾小時）的時間做完。

製作日程表時要注意一點，那就是必須一眼就可以看出這項工作的整體樣貌。如果記載得太過詳細，就難以瞭解整個作業的流程，這點千萬要注意。

試著把作業的相關性、順序、預計時間等 填入日程表中

○○企畫日程表

6/3～7	專案企畫
6/8～14	公司內部問卷調查
6/15～19	問卷分析
6/8～19	競爭調查
6/20～24	制定概念
6/25～7/1	設計細項
7/2～7/5	製作提案報告
7/6	報告會議！

無法想像作業
的流程。

 若是這樣呢？

○○企畫日程表

6/3～9	6/10～16	6/17～23	6/24～30	7/1～7/7
專案企畫				
	公司內部問卷調查			
		問卷分析		
			制定概念	
競爭調查				
			設計細項	7/6報告會議
				製作提案報告

清楚看出各項作業
之間的相關性！

以樹狀結構呈現詳細的
工作清單

製作日程表時，希望讀者要記得經常利用樹狀結構列出工作細項。

大規模工作就分為三階段（大分類、中分類、小分類），稍微小一點規模的工作就分為二階段（大分類、小分類）等，類似這樣的做法。

舉例來說，大分類分為「1分析」、「2企畫」、「3設計」、「4架構」，然後「1分析」就細分為「1-1調查準備」、「1-2調查實施」、「1-3輸入統計」、「1-4分析歸納」等項目。

若是大規模工作，就要把「1-1調查準備」分得更細，如「1-1-1列出調查項目」、「1-1-2選擇調查對象」……等。透過這樣的做法，就能夠建立無疏忽或遺漏的作業清單。

不過，初次進行的工作可能不知道能夠列到多詳細。像這種情況的話，只要清楚想像每一個項目的工作內容，分解到連預估時間都能夠設定出來的程度就可以了。

嚴格來說，在各個項目完成的時候，應該能夠得到某種程度的中間成果（中途資料）才對。

例如在「1-1調查準備」中，雖然設定要製作「調查準備表」，但是無法想像到底是什麼樣的資料，這時利用「1-1-1列出調查項目」製作「調查項目一覽表」，利用「1-1-2選擇調查對象」製作「調查對象清單」，這樣就容易想像成果的畫面了。

利用樹狀結構列出工作內容，就能夠清楚想像成果

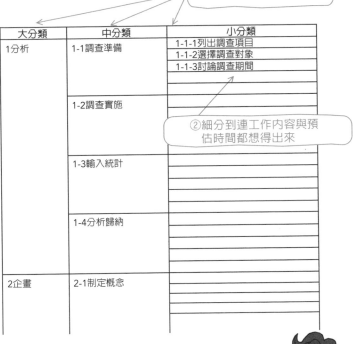

①分為3階段（或2階段）

大分類	中分類	小分類
1分析	1-1調查準備	1-1-1列出調查項目
		1-1-2選擇調查對象
		1-1-3討論調查期間
	1-2調查實施	
	1-3輸入統計	
	1-4分析歸納	
2企畫	2-1制定概念	

②細分到連工作內容與預估時間都想得出來

利用Excel表列出工作項目就很清楚！

就算沒有把握也要練習估計時間

委託某項工作時,問對方:「大概需要多少時間?」或許有人會回答:「哎呀,我沒做過這個工作所以不清楚耶。」這種人將會成為難以託付工作的人吧。

就算是大約估算也好,請試著估計工作時間吧。

若是龐大的制式工作,例如輸入一千份問卷資料。可以先計算輸入十份資料的時間,所得的時間乘以一百倍,大約就可以推測整個作業時間。

若是創造性工作,例如思考商品概念時,試著算出自己能在五分鐘之內想出幾個創意。

這麼一來,就可以推測想出選擇項目大概需要○分鐘,從中鎖定選項後,再決定需要花○分鐘。

預估時間要保留一些彈性範圍。例如「最少大約二十個小時,最多可能需要三十個小時」。

要注意的是,有時候不曾做過的工作,實際花費的時間可能會是推測時間的二~三倍。假如開始著手後,發現工作進度比預估的時間還慢,在驚呼「不妙了」之前,就要先跟委託者連絡比較好。

另外,平常習慣記錄工作花費的時間也是很重要的。如果能掌握自己的工作時間,預估時間的準確度自然也會提高。

記錄平常工作所花的時間，
並估算工作需要花費的時間

先試做一小部分並計算時間

首先試做十張
看看……

根據計算結果推測預估時間

十張需要五分鐘
的話……

表示一千張可能要
花五百分鐘吧？

制定中途目標時，前半段要緊湊，後半段要保留充裕時間

　　制定日程表時，如果單純地累積每個作業項目的預估時間，一定會發生超出預定時間的情況。

　　因此，編製日程表應該是從截止日期（最後期限）往回推算，再安排「哪項工作一定要在哪個時間完成」。

　　如果某項工作需要比較長的時間完成時，由於與截止日期之間有很長的空檔，所以前半段的工作很容易變得拖拖拉拉。

　　若想避免這樣的情況，不能只在意最後的截止日期，請訂出中途目標吧。

　　例如，假設需要花一個月完成的工作，最初的十天完成企畫，接下來的十天完成設計……像這樣訂定每個階段的截止日期。

　　透過這樣的做法，就算在中途階段也能夠毫不鬆懈地意識著工作進度。

　　設定中途目標的訣竅是不要太過詳細，把整個日程表分割為三～五等分就可以了。

　　工作是很容易被延誤的，所以制定日程表時，前半段的中途目標要稍微緊湊一些，後半段的工作安排就可以稍微寬鬆一點。

以三～五等分分割工作，從「截止日期」往回推算安排日程表

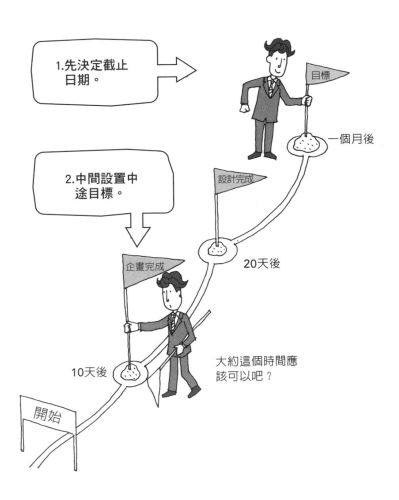

1.先決定截止日期。

目標

一個月後

2.中間設置中途目標。

設計完成

20天後

企畫完成

10天後

大約這個時間應該可以吧？

開始

清楚認知「出乎意料」是必然發生的！

　　工作總是趕不上截止日期而延誤的人，經常說的藉口是：「哎呀，因為發生意料之外的事，所以進度大幅延後。」

　　如果再仔細詢問，理由可能是「廠商估價的金額比我們預估的高，所以又找其他的業者估價……」，或是「突然需要向高級主管報告工作進度……」等等。

　　其實，廠商估價的金額比預期的高是可預測的狀況，高級主管在中間階段要求報告也是很正常的。

　　同樣地，夥伴感冒、因其他工作導致發生意料之外的問題等等，也都是可預期的狀況。

　　一項工作都有可能發生無法預料的問題，遑論每天的工作要面對多少無法預測的狀況，這樣就能明白，我們平常工作時，某種程度都會因為意料之外的事而導致工作延誤。

　　如果沒有估算這部分的時間而預先留下充裕時間，最後「通常」都會因為這些預期之外的問題而導致延誤。

　　請重視「意料之外」的狀態，擬定一個時間寬裕的日程表吧。

雖然不知道會發生什麼事，但是一定會發生意外狀況！

❗ 如果也把風險考慮進去的話，計畫就不會延誤。

一開始就要先訂好
討論進度的日期

決定好日程表之後，也要先把與委託者討論進度的日期決定下來。

如果等工作做到最後再討論，也可能會發生在初期階段就搞錯方向，導致整個工程得重做的慘況。這麼一來，不僅所有完成的工作都浪費掉，也浪費了相當多的時間。

因此，從一開始就先預估進度，同時決定與委託者討論的時間吧。在最開始擬定進度時，盡量先訂出討論的次數與時間，直到截止日期為止，而不是每次討論結束後才決定下一次的討論日期。

有人會在第一次見面就敲定一切。不過通常委託者都會比較忙。遇到突發狀況，對方無法抽出時間討論，也可能導致工作延誤。

就算無法訂出確切的討論時間，如果先暫定一個日期，對方應該就會盡量擠出時間見面討論吧。

討論也有助於維繫與對方之間的信賴關係。所謂「單純接觸效果」，指見面次數越多，越容易對對方產生好感。

工作做到一半時，對方的指示變多或許讓人覺得不耐煩，也可能覺得報告很麻煩等等，不過，頻繁見面才會讓對方放心把工作託付給你。

頻繁討論的人較容易獲得對方的信賴！

如果自己一個人承攬許多工作時……

那傢伙的工作沒問題吧……

主管

如果做到一半，主管還有其他意見就會來不及……

事先決定好「討論」的次數與日期

不好意思，接下來是第三次的報告與討論內容。

這樣就能夠放心了。

主管

感謝的話要具體且坦白表達

　　工作速度慢的人有自己攬下所有工作的傾向。就算從別人的角度來看，都會覺得「明明可以委託給別人」的事，他們還是會覺得不親自動手做就過意不去，所以工作總是很容易延誤。

　　那麼，如何妥善地把工作委託給別人呢？

　　人際關係畢竟還是建立在「付出與接受」的基礎上。也就是說，自己擁有能夠幫助他人的專業技能是非常重要的。

　　所謂專業技能，可以是打字速度快、擅長整理資料等，光是這些就足以成為有用的利器。而且要不吝惜地付出自己擅長的技能，受託時就要樂於付出。

　　對於幫助自己的人也要給予協助。

　　特別是比自己年輕的人更要積極幫忙。這麼一來，自己有急事想請託時，對方應該就會爽快地出手相助吧。

　　對於出手相助的人，請確實表達自己的感謝之意。

　　有人會說：「百忙之中還麻煩你，真是不好意思。」不過，如果確實把感謝的話加進去則會更好，例如：「百忙之中還麻煩你，非常感謝。這次真的幫了我很大的忙！」

　　這樣對方不僅能夠愉悅地完成工作，也會覺得下次就算還需要幫忙也沒問題。

建立互助的關係！

❶ 不要成為冷漠的人（親切待人是為了自己好）。

分擔能夠同時並行的工作

多數人共同進行大規模的工作時，就算大家共享好不容易訂好的日程表，也還是會發生工作不順利的情況。

例如大家一起建立資料檔案，打算做競爭分析，結果發現資料檔有國內的調查資料，卻沒有人做國外的調查。

結果一直到截止日期的前一天，全體人員都還在熬夜工作。

筆者再強調一次，工作分為可以同時並行，以及必須先完成一項作業後才能進行下一項作業等兩種。

例如，自家商品的問題調查與市場的趨勢調查可以同時進行，但是競爭分析的作業就必須先蒐集競爭資訊後才能進行。

如果同時並行的作業妥善分配，就能夠縮短總花費時間。「競爭分析都由我負責，所以我們公司的問題調查全權由你處理喔！」就像這樣的處理方式。如果沒有清楚分配權責的話，工作就難以完成。請做出簡單易懂的工作分配指示吧。

一項作業必須先完成才能進行下一個作業，這樣的流程稱為「關鍵路徑」（Critical Path）。若想要掌握花費在工作上的所有時間，就必須列出所有詳細作業的預估時間，以找出「關鍵路徑」。

採用簡單易懂的工作分配方法吧！

競爭分析由我全權負責。
（自己的工作分擔）

○○你來蒐集歸納我們公司的資訊吧。
（他人的工作分擔）

好的!!

競爭分析

自家公司分析

共享成果畫面，再度確認
沒有疏忽遺漏的項目

委託他人工作時要注意一點，那就是對方不見得會做出你所期待的成果。

以我自己的經驗來說也是如此。筆者曾經委託別人「能不能幫我做競爭商品的比較分析資料？」結果我得到的只是蒐集競爭商品的型錄相片而已。

與他人共同合作時，事前確實共享成果的想像畫面非常重要。

工作應該以「目的」（WHY）、「成果」（WHAT）、「方式」（HOW）等三個面向來思考。

「方式」可以交給對方決定，不過「目的」與「成果」必須在事前確定雙方的認知是一致的才行。

或許有人認為如果詳細說明作業內容，認知的差距就會降到最小，不過不見得如此。聽者如果聽了冗長的說明反而會更不明白。

建議大致上說明一遍之後，詢問對方：「有沒有問題？」確認對方是否充分理解。

若想要確認與對方的認知是否一致，請對方也說明一遍要如何產出成果就知道了。

如果事前沒有共享「目的」與「成果」，工作就會失敗

受託者

自己

❶ 對方想的跟自己想的不同。

申明對下個作業的影響，讓夥伴清楚認知截止時間的重要

共同合作時還要注意一件事，那就是對於截止日期的共同認知。

例如，太在意對方而不敢要求，所以說：「可以的話，希望三天完成。」如果這樣說，對方就會認為「晚個幾天也沒關係吧」，以自己的方便解釋你說的話。

因此，就算覺得有點麻煩，也要確實讓對方瞭解整體狀況，讓對方意識到如果延誤工作，將會對下一個工作帶來多大的影響。

或者可以請對方說出工作所需的時間。通常人會比較容易遵守自己所做的決定。

問對方：「什麼時候可以完成呢？」請對方主動說出截止日期：「大概一星期左右吧。」

「這樣的話，請在○月○日○點之前把資料傳給我。那天傍晚我會影印所有的資料並發給各部門。」當你這麼說，對方也會遵守截止時間的約定吧。

不要使用模糊不清的說法，如「一星期左右」，而是清楚的時間點「○月○日○點」。如果更進一步地讓對方知道接下來的工作安排，每項工作就會依照進度進行，而不至於鬆散延誤。

截止日期要說得夠清楚，如「〇月〇日〇點」，不要模糊不清

如果截止日期模糊不清……

確實說出截止的時間點

有時塑造「難以交談的氣氛」將提高工作效率！

　　我的團隊裡有一位個性熱情又善於交際的O先生，他的表情會隨著工作模式的不同而改變。平常他總是帶著笑容而輕鬆的表情，工作時也不忘關心身邊的人。不過，當他一集中注意力時，他會一直盯著電腦螢幕，身體微微向前傾，除了快速敲打鍵盤的聲音之外，一動也不動地投入工作。

　　像這種時候，連身為主管的我也很難跟他說話。但是我想正因如此，他才能夠長時間集中注意力完成工作。

　　以前在「國譽」時，曾經針對某家公司的行政工作狀況進行調查：「旁邊的人來跟你說話或是電話等外在因素會導致你的工作中斷多久？」，調查工作時受到影響的頻率。結果發現，每五分鐘就會有一件事情插進來影響工作進度。

　　總之，想在辦公室裡集中精神工作是非常困難的。我們把沉浸於工作的狀態稱為「心流狀態」（Folw）。據說達到這樣的狀態需要十五分鐘的時間。有時候在工作場合中塑造「難以交談的氣氛」，也是必要的吧。

第二章

「三秒思考選項，兩秒決定」的【資訊蒐集】模式

不要忽視「事先調查」的時間

　　看到在會議中透過腦力激盪所想出來的創意，我的腦中往往浮現「稍微調查一下再來討論不是比較好嗎」的念頭。

　　例如，討論「如何讓年輕員工多發揮一些領導特質」時，就要先從「領導特質到底需要些什麼？」開始思考起。

　　只要不涉及太專業的內容，其實公司內部討論的問題都是每家公司會遇到的問題或主題，所以一般的演講內容或書籍等，也已經提供某種程度的解決方法或方向了。

　　討論之前如果不先調查這些資料，就會浪費許多時間。

　　「我們的案例比較特殊」、「想找到全新的做法」，我經常聽到這類的發言，但是這種想法實在讓人無法苟同。

　　重要的是「雖然知道過去的做法，但還是不受影響地找出自己的想法」。如果態度是「被過去的做法影響不太好，所以還是不要知道比較好」，這樣得到成果的範圍將會極為狹隘。

　　就算覺得麻煩，也請做好事前調查的資訊蒐集工作吧。然後思考的切入點應該從找不到資料的地方著手才對。

就算自己不知道，
也一定有相關的資訊存在……！

你說的內容這裡
有寫喲～

所謂領導特質不
就是這樣嘛！

嗯嗯。

❶ 如果不事先調查就會浪費時間。

第2章 「三秒思考選項，兩秒決定」的【資訊蒐集】模式

步驟 2 與主題沒有直接關係的有趣資訊也可以留著

　　思考問題前,最好確實蒐集資訊的另一個理由就是「創意是既存要素的重新組合」。

　　一九四○年左右,美國廣告公司副社長詹姆斯‧韋伯‧楊(James Webb Young),在其所寫的《創意的生成》(*A Technique For Producing Ideas*;創意新潮社)中曾經提過這個概念。

　　舉例來說,美工刀可折斷的刀刃是「刀子」與「巧克力塊的溝槽」所組合出來的想法;迴轉壽司是「壽司」與「生產線」的組合產品。

　　發明美工刀的人發現市場上削鉛筆的刀子很容易生鏽而變得不好用,另外看到巧克力塊因為有溝槽,所以很容易掰下一塊塊的巧克力,於是就在美工刀的刀刃上加上縫隙,而成為今日我們使用的美工刀。

　　新的創意都是因為既有的商品或服務有問題,為了解決問題而從其他領域獲得靈感而產生的。也就是說,如果沒有大範圍累積資訊與知識的話,想出來的創意也將有限。

　　簡單用數字比較就知道了。假設自己擁有十項資訊,組合起來有四十五項。若自己有二十項資訊,組合起來可能會有一百九十項;擁有五十項資訊則將有一二二五個組合可供運用。

　　事先蒐集許多可能是創意來源的其他領域的資訊,這也是提高工作效率所必須具備的思考方式。

如果智慧型手機加上刮鬍刀功能，不知道會變成什麼樣子？

智慧型手機加上暖暖包功能呢？

智慧型手機加上打火機的話？

智慧型手機加上面紙不是很方便嗎？

第2章 「三秒思考選項，兩秒決定」的【資訊蒐集】模式

71

較深入的資訊要不辭辛勞地從書中尋找

　　現今的時代，只要在網路上輸入關鍵字就能夠找到大部分資料。我自己也是在網路上查單字的機會多於翻辭典的次數。

　　然而，如果針對某件事想要「更深入瞭解」的話，網路上的資訊就比想像中來的少。

　　最近，感覺越來越多人透過網路搜尋卻什麼也找不到時，往往就會認為「沒有這個訊息」而馬上放棄。

　　其實蒐集更深入的資訊時，還是得不辭辛勞地查詢書籍或原始資料才行。

　　更進一步深入調查之前，請先建立假設吧。

　　例如要調查「領導與管理的不同點是什麼？」，就要先建立「不同點可能是○○」的假設，然後瀏覽幾本相關書籍的目錄，選出可能有論及相關課題的書籍，然後再深入研讀。

　　習慣透過書籍調查自己不瞭解的事情，不單單只是能夠獲得知識，也是透過與作者對話，測試自己思考的深度之絕佳訓練機會。請務必實踐看看。

就算網路上找不到也不要放棄

網路上找不到有用
的資訊啊……

那麼去書店找看看！

原來如此！

蒐集主題的「相關」、「周邊」、「一般」資訊

如果沒有深入思考就開始蒐集資訊，只會著眼於自己擅長的領域，而忽略自己不擅長領域的資訊。

若想要均衡地蒐集資訊，請透過以下三個階段思考吧。

①主題相關資訊（接下來要討論的主題之相關資訊）

②主題周邊資訊（可能會影響討論主題的周邊領域資訊）

③一般資訊（與世界動態、趨勢相關的資訊）

「國譽」有製造家具的業務，所以讓我們以家具製造為例，思考蒐集資訊的內容吧。

①主題相關資訊：以「辦公室家具市場動向與消費者需求」、「競爭產品與PR方法」、「自家公司產品與銷售方法」等3C（市場‧消費者：Customer、競爭對手：Competitor、自家公司：Company）的資訊為主。

②主題周邊資訊：例如可能與辦公室家具有關的大樓建築、人因工程（Human Factors）、新素材、設計趨勢等資訊。

③一般資訊：也可以透過政治（Politics）、經濟（Economics）、社會（Society）、技術（Technology）等所謂PEST的框架來理解世界動態。例如，如果知道最近工作與生活並重的社會趨勢，就能夠思考「針對在家工作的家具之發展趨勢為何？」

均衡地以三個階段思考

資訊是否偏頗？

主題相關資訊
例）
・消費者的需求
・競爭對手的動態
・公司的產品

主題周邊資訊
例）
・相關業界
・材料・新素材
・設計的流行
　趨勢

一般資訊
例）
・放寬規定的政策
・新的IT技術
・人口變化

與未來討論主題
相關的資訊
（3C分析等）

可能會影響討論
主題的周邊領域
訊息

世界動態或流行
趨勢的相關資訊
（PEST分析等）

先確定「觀點」，
讓想要尋找的訊息自動浮現

如果觀察不擅長蒐集資訊的人，會發現他們一邊瀏覽各種資料，一邊覺得「這個很重要，那個也很重要」，於是就蒐集了龐大的資料。

然而，光是回頭看這些大量的資料就要耗費很多時間。

蒐集資訊必須具備正確的認知，也就是自己要先稍微思考一下問題，然後就算是假設也可以，想一想要以哪種「觀點」來蒐集資訊。

舉例來說，許多人選購家電產品時，什麼都沒考慮就去家電量販店，這樣在賣場中只會覺得每項產品都一樣，結果就不知道該如何判斷選購。

如果事先就確定某些「觀點」，例如「四人家庭可以使用的」、「寬度五十公分以下」、「有靜音功能」等，到了家電量販店時就能夠輕鬆地鎖定商品，效率之高連你自己都感到驚訝。

透過「彩色浴效果」（Color Bath）的實驗就可以明白持有「觀點」的重要性。例如，現在請你腦中意識著「紅色物體」，然後把眼睛移開書本，看看四周。這時候你會發現各種紅色的物體會不斷映入眼簾。如果請你腦中想著「圓形物體」，同樣地就會一直看到圓形的東西。

如果決定好「觀點」，資訊就會自動浮現。因此請事先花點時間思考「假設的觀點」。

事先建立假設的「觀點」就容易蒐集資訊

聽說這是現在年輕人的流行打扮。

觀點 數位工具增加所帶來的變化是什麼呢？

負荷越來越重，所以背背包的人變多了！

不要被「自己的觀點」束縛

前面提過先確定一個觀點來看待事物，不過這麼做也是有缺點的。

一旦抱持既定的觀點，就會不容易看到觀點以外的其他事物。

蒐集資訊時，這將會引發麻煩的問題。

任何人都有自己的價值觀（看待事物的觀點）。

舉例來說，假設現在發生培養年輕員工的成果不如預期的問題。擁有「主管的指示‧命令要越詳細越好」的價值觀，與擁有「主管應該盡量授權給下屬」價值觀的人，兩者看待問題的角度應該完全不同吧。

認為「主管的指示‧命令要越詳細越好」的人，可能就不容易察覺下屬「希望自己擁有更多的主導權」，而產生的不滿情緒。

就算眼前有解決問題的絕佳資訊，也經常視而不見。

即便如此，完全除去自己的觀點也幾乎不可行。自己必須有意識地思考自己的觀點是否有所偏頗，看到與自己相反的觀點時，自己如何解釋等等。

檢視自己是否被既定觀念限制

沒有自己的觀點也是不行的

完全不知道差異
在哪裡……

戴著有色眼鏡（固執己見）也很麻煩

當然是那
個好。

親臨現場，只需一秒鐘 就能夠獲得非文字的訊息

蒐集更深入的資訊時，應該注意兩件事。

①到現場觀看

②聽聽專家的意見

蒐集更深入的資訊需要花時間，所以「看相片」、「閱讀資料」等希望以這些方式蒐集資訊的心情完全可以理解，不過這麼一來就不會發現最核心的部分。

以前在「國譽」時，需要在辦公室內隔出一個研習教室的空間，考慮不要用木板隔間，以拉簾隔間即可。

一開始我認為「用拉簾不僅無法隔音而且也不穩固」。不過，由於有個地方也是以同樣的方式隔出研習教室，於是我便前往現場察看，聽聽隔音效果，然後確定以拉簾隔間完全沒問題。如果可以的話，一定要到現場親身體驗才行。一旦到了現場，只需一秒鐘的時間就可以得到真正需要的訊息。

聽專家的意見也是一樣。經驗或知識只有不到一％的內容被化為文字，實際見面詢問，就能夠從文字外九十九％資訊中得到自己所需的資訊。

書籍或網路等化為文字、相片的資訊稱為「外顯知識」（Explicit Knowledge），經驗與感覺等無法化為文字，或看不見的資訊與知識則稱為「內隱知識」（Tacit knowledge），而大部分重要的啟發都隱藏在內隱知識中。

現場有一百倍的資訊！

喔，好像不錯。

咦！

被掩蓋的資訊

詹姆斯‧韋伯‧楊在《創意的生成》中的某個單元，提過蒐集資訊的困難。

「實際上，蒐集資料並不是那麼容易的事。這是極為繁瑣的工作，而我們總是隨隨便便地敷衍了事，用來蒐集資訊的時間也都是心不在焉地浪費掉，原本應該是有系統地蒐集資料，但是取而代之的卻是茫然地坐著等待，期待靈感會突然出現。」（摘自三四頁）

蒐集資訊是非常不起眼而且繁瑣的作業，就像是在河床中淘金一樣，有時自己也會懷疑「像這樣把時間花在蒐集資訊上真的對嗎？」

雖然詹姆斯的看法是如此，不過還是有方法可以有效率地蒐集資訊。

首先，到書店找出十本與主題相關的書籍，以一分鐘的時間瀏覽每本書的目次。這樣大致就能夠判斷每本書的內容為何。其次是看參考文獻。瀏覽參考文獻就可以知道在這個領域中，從以前至今被閱讀的經典大作是哪幾本書籍。

然後決定以一本一個小時的速度調查，閱讀五～七本書之後，就可以得到二十～三十個創意線索了。比起自己絞盡腦汁尋找創意，以結果來說，這樣的做法更能夠提高工作效率。

幫助創意產生的資訊蒐集，
應該是找尋「線索」而非「答案」

如果想找現成可用的「答案」⋯⋯

找不到答案啦～

「三秒選擇，兩秒決定」的人會尋找線索

這個報導好像可以成為靈感。

已經查詢過的書籍

有時要懷疑這個資訊是否呈現了整體狀況

蒐集資訊時要注意一件事，那就是手上的資訊是否呈現整體的狀況。

舉例來說，公司內部進行問卷調查。假設公司的業務部有一百人，技術部有三十人，行政部門有二十人。如果針對全體員工進行問卷調查，整體的意見就會傾向於業務部門的意見。

另一方面，如果從各部門選出代表進行樣本調查，以比例原則選出業務部十人、技術部三人、行政二人，以及從業務部選十人、技術部選十人以及行政選十人的問卷結果各不相同。

總之，最重要的是進行樣本調查時，要經常一邊考慮與母數的比較，一邊蒐集資訊。

同樣地，蒐集資訊的「方法」也要注意不能偏頗。

電視、報紙與雜誌都有發行者的方針或編輯的偏見，內心要牢記著這點再接觸這些管道釋出的訊息。

例如，「最近越來越多人透過智慧型手機看新聞」，如果看到這則訊息，搭乘電車時只要看看身邊有多少人利用手機看新聞，就能夠獲得第一手資訊。以自己的眼睛確認資訊的正確性吧。

注意資訊是否「偏頗」

就照這樣
做吧！

我瘦了。

我沒瘦。

「只有五人」的數據……

減重計畫
A
80%
成功

這是真的嗎？

「為什麼不一樣？」培養
看資訊時同時思考的習慣

下一章將會詳細討論，不過思考創意時首先必須具備以下兩個觀點。

①發現問題的觀點（發現問題）
②解決問題的觀點（解決問題）

舉例來說，創立求職網站Livesense的村上太一，看到市面上的兼職求才雜誌，發現其中並沒有小店舖的徵人廣告，腦中便浮現「為什麼？」的疑問。原來理由是登廣告必須先支付刊登費。因此村上想到提供契約成立後才收費的服務方式。

Livesense的模式就是從「①發現問題的觀點」（徵才雜誌需要刊登費），而想出免費刊登的機制。

另一方面，創立羅多倫咖啡（Doutor Coffee）的鳥羽博道，在知道了在巴黎站著喝咖啡比坐著喝咖啡便宜的機制後，便創立可以便宜且輕鬆站著喝咖啡的羅多倫咖啡。

羅多倫咖啡的模式就是把「②解決問題的觀點」（站著喝比較便宜的機制），套用在咖啡店既有的營運方式上。

比別人早一步發現沒有人察覺到的資訊，這就是創意來源。

若想要做到這點，就要抱持著「為什麼這兩件事不一樣？」的觀點，同時有意識地蒐集相關資訊。

造成差異一定是有理由的！到底是……？

來調查一下！

到底是哪裡
不一樣？

拉麵
太郎

拉麵
一郎

空蕩蕩～

❶ 習慣從「發現問題」與「解決問題」的角度來看待資訊。

第2章

「三秒思考選項，兩秒決定」的【資訊蒐集】模式

■ ■　87　■ ■

事先決定好想蒐集資訊的「數量」

有的人蒐集資訊是無上限的。

這種人如果沒有找到「就是這個！」的資訊，內心就會感到不安，「如果再多找找一定可以找到有用的資訊」，於是蒐集的工作便沒完沒了。

確實，如果再多努力一步的話，或許能夠找到有用的線索也說不定。然而，這時候就必須事先決定該花多少時間在蒐集資訊的作業上。

例如，就算想「調查競爭對手的動態」，競爭對手也有無數個。如果事先決定想蒐集的資訊量，就能夠放心地著手調查。例如「先蒐集前三名競爭對手的三項主要商品吧」，或是「先蒐集自己比較在意的十項競爭商品」。

或是「這兩天專心蒐集資訊」、「花兩個小時的時間大量搜尋後再來思考吧」，像這樣以時間劃分工作進度。

在這個階段如果覺得已經蒐集到可以參考的資訊時，就先根據這些資訊思考，思考後覺得訊息還不夠，再決定要繼續蒐集多少資訊。

事實上，蒐集資訊與思考創意的作業應該是交互進行才對。

重要的是蒐集到某種程度的資訊之後，就要根據這些訊息稍微思考一下，這麼一來，就知道自己哪裡不懂，再針對自己不懂的部分調查。如此反覆進行就會產生高品質的成果。

不要每件事都想深入研究

工作速度慢的人總是覺得「可能還有什麼……」
而遲遲無法結束工作

已經蒐集相當多資
料，但是還有許多
資料還沒查～

堆積如山的資訊

「三秒選擇，兩秒決定」的人只要達到最低限度即可

蒐集這些訊息大
概就夠用了！

堆積如山的資訊

就算有些資料還沒調
查也不用太在意。

建構「知識的索引」吧

不能每一次都把許多時間花在蒐集資訊上。

平常就必須踏實地接觸各類資訊，並且建立一套自己的知識系統。

自己必須在腦中消化、整理資訊，提高必要時馬上就找得到資訊的知識水準。

那麼，該如何整理資訊呢？其實以自己的方式建立知識的索引就可以了。

各位知道書店裡的書籍是如何分類的嗎？參考書店的做法就知道如何整理各種類型的資訊了。

例如，參考亞馬遜網路書店的分類，發現約有三十個領域，如文學・評論、人文・思想、社會・政治・法律、科幻、歷史・地理、商業・經濟、投資・金融、公司經營、科學・科技等等。

報紙每天也都會依照索引分類發送龐大的資訊量。

自己擅長的領域資訊用自己的方式整理後，很容易就會記在腦中，不過不太有興趣的訊息就很容易忘記。

所以，請先準備自己的「知識箱」，就算是不專精的領域也要勤快地累積資訊。這種踏實的努力就是充實「可用知識」的唯一途徑吧。

試著參考書店或報紙的分類來整理資訊吧！

這是「技術類」
的資訊。

放到這個類
別吧。

❶ 利用索引的概念存入腦中就不容易忘記，而且也容易尋找。

資訊透過輸出而成為自己的知識

我們形容具有各種觀點而能夠提出自己意見的人，是「擁有許多知識抽屜的人」。不過，這種人並不是隨隨便便增加知識抽屜，他們是踏實地累積資訊，處於隨時能夠從腦中找到資訊的狀態。

大多數的人就算透過報紙、網站接觸許多資訊，也不見得能夠保存得很好。

這是因為他們閱讀資訊時，雖然認為「這個資訊很新奇，或許有用」，但是到了隔天卻幾乎忘得一乾二淨。

所以，請採取不會忘記資訊的方法吧。

總之，就是不斷輸出存入腦中的資訊。具體來說，可以在部落格、臉書等社群網站寫下吸收到的資訊並發送出去。不擅長書寫的人，說給別人聽也是個有效的做法。

每天至少記下一則自己覺得有趣的事情。不用寫出該記事或資訊的所有內容，以短文形式書寫就可以了。一邊參考自己寫下的內容，一邊思考這些內容是否可以作為部落格或閒聊的題材，再找適當的時機輸出。

透過這樣的做法，輸入腦中的資訊就會在不知不覺中成為自己的知識庫存。

資訊要①記錄→②說給別人聽→ ③成為知識的庫存資料

只要從腦中輸出過一次，就會成為知識的庫存資料。

第2章
「三秒思考選項，兩秒決定」的【資訊蒐集】模式

93

蒐集資訊的「收聽」技巧

　　我認爲通勤時間或等待時間等空檔，都是蒐集重要資訊的機會。各位是如何蒐集資訊的呢？

　　市面上充斥著各種資訊媒體，筆者建議的是合併使用閱讀與收聽媒體。

　　所謂收聽媒體指透過iPod等工具免費下載訂閱內容，或是透過數位隨身聽等工具，利用「外出轉接」功能下載數位錄影機事先錄好的電視節目觀看。

　　爲什麼我會建議「閱讀」與「收聽」方式並用呢？因爲通勤時間等空檔通常都很疲倦，所以閱讀文字會很辛苦，就算看一下報紙或書籍也很容易感到厭煩。

　　但是，如果是聲音或影像資訊的話，就算是感覺疲累，資訊也會自動從耳朵與眼睛進入腦中。

　　如果只有聲音的話，走路時也能夠蒐集資訊。

第三章

「三秒思考選項，兩秒決定」的【創意】模式

不要一下子就想找「答案」，先從「問題」開始思考

各位在解決問題時，會思考些什麼事情呢？

假設現在面臨「提案比稿的得標率下降」問題。

這時候就算開始檢討「如何提出更好的比稿作品」等解決對策（答案），思考方向也會脫離正軌，例如「應該花更多的時間在提案內容上」、「競爭對手的概念很周詳」等，陷入無法鎖定焦點的狀況。

「三秒選擇，兩秒決定」的人不會一下子就想找出答案。他們會先考慮應該假設什麼「問題」才能進行有意義的思考。

例如以下的問題……

「得標率具體的下降程度如何？」

「競爭對手的提案方式是否有改變？」

「客戶的期望、需求是否有變化？」

「提案內容是否有不符合時代趨勢的部分？」

「應該改變提案的哪個部分？」

就像這樣，先決定要思考哪些問題。應該思考的問題稱為「論點」。無論是在會議中討論或是一個人思考時，請都先找出「問題」（論點）吧。

聚焦在「論點」上

工作速度慢的人會一味地追求「答案」

提案通過率一直下降，
怎麼辦、怎麼辦，有什
麼好辦法……

「三秒選擇，兩秒決定」的人會先找出「問題」

提案通過率一直下降，
那麼，首先應該思考哪
些問題呢？

以「現狀」、「理想」、「原因」、「解決對策」等四個方向掌握問題本質

前面提過先思考「問題」（論點）的重要性了，不過發生一般的問題時，希望各位要思考以下四個面向。

①現狀：目前問題的狀況為何？

②理想： 未來的理想狀況為何？

③原因：「現狀」無法達到「理想狀況」的原因為何？

④解決對策：脫離「現狀」以接近「理想」的解決對策為何？

舉例來說，現在有個問題是「業務員總是不參加新商品的說明會」，我們試著根據上述四個面向來思考看看吧。

「①現狀：新商品發表的前一週，下午三點舉辦說明會，但是參加人數不到三成」→「②理想：九成的業務員都會出席」→「③原因：說明會的時間是業務員的業務活動時間，所以很難參加」→「④解決對策：說明會分為上午八點與下午六點等兩場」。

基本上，所謂解決問題就是把現狀改變為理想狀態，所以首先要確實掌握現狀與理想狀態。

還有，一定有一個原因造成陷入現狀的問題而無法達到理想狀態。以上述的例子來說，如果不考慮業務員的工作時間就擬定解決對策，這樣出席人數一樣不會增加吧。若想要找出切中要害的解決對策，請先鎖定原因之後再來思考解決對策吧。

清楚掌握「現狀」與「理想」，
鎖定「原因」，思考「解決對策」

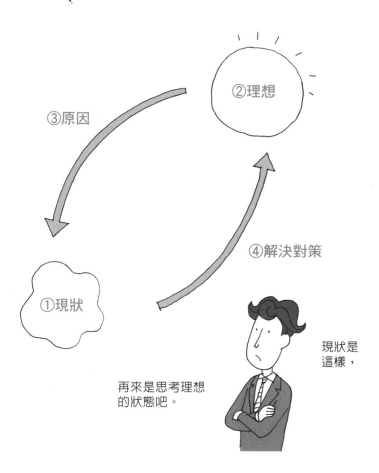

②理想

③原因

④解決對策

①現狀

現狀是
這樣，

再來是思考理想
的狀態吧。

❶ 訣竅是依照順序一項一項思考。

排出前提條件的優先順序，避免限制創意的發想

委託者一開始說「全權交給你」，結果帶著草案簡報後，對方卻說「沒有這麼多的預算」、「這個功能不可以拿掉」等條件，你是否曾經因此而感到困擾呢？

這是委託者擔心限制太多會使得受託者難以發揮所長，所以才會說「全權交給你」，問題就是這樣產生的。

像這樣的時候，如果聽話照辦任憑自己想像，提案一定會失敗。所以應該**先打探對方的真實情況**，例如「預算以一般的情況來算比較好吧？」、「是不是考慮留下某些功能？」等等。

相反地，也有條件限制太多以致於難以發揮想像力。

像這種時候，**請對方先決定前提條件的優先順序吧**。可以請委託者「排列這些條件的重要順序」。然後，思考時把前提條件區分為「必須」（必備條件）與「較好」（可以的話盡量符合）等兩大類。

如果這麼做還是很困難的話，就帶著「刪除條件A的方案」與「刪除條件B的方案」讓委託者挑選，這也是可行的做法。

任何工作都一定有某些限制。在所有的限制中，如何做出最佳成果才是勝負的關鍵。

> **任何工作都有前提與必要條件，在前提與必要條件的限制下，以獲得最佳成果為目標**

● 有技巧地整理前提條件，是提高工作效率的訣竅。

第3章 「三秒思考選項，兩秒決定」的【創意】模式

靈活運用「語言」與「圖・畫」

人通常都是以語言思考，所以想到什麼點子時，把浮現腦中的模糊想法化為語言就變得非常重要。

然而，平常使用的語言頂多數萬個詞彙，不見得能夠充分表現腦中模糊的想法。

舉例來說，「協同作業」（Collaboration）這個詞在這二十年來逐漸廣泛使用，以前都會說「共同合作」、「一起思考完成」。以前就算想呈現協同作業的較深含義也無法清楚表達。

總之，**若想要思考腦中模糊的概念，必須增加腦中的詞彙（知道許多用語）。**

不過，即便如此，有時候就算搜遍腦中所有詞彙也難以形容某些概念，像這種情況的有效做法就是使用圖、畫呈現。

思考多項概念之間的關係時，圖畫比語言更容易明白。例如思考椅子的設計或特徵時，比起使用語言敘述，看相片應該更容易發揮想像力吧。

不要勉強自己使用語言，培養利用圖、畫或相片發揮創意的習慣吧。

對於不容易透過言語說明的概念，
考慮使用圖形、圖畫或相片表達吧！

有些想法光是透過語言是無法傳達的。

步驟 5 試著列出構成要素，將概念化為語言

　　思考事情時，將腦中浮現的概念化為語言是非常重要的。特別是如果工作是某項「行動」這種眼睛看不到的模糊概念。概念也會因為人的想法不同而容易產生差異。

　　例如工作流程有PDCA（計畫‧實行‧評估‧改善）或PDS（計畫‧實行‧評估）等說法，這就是「工作流程」的概念要在哪個階段切割，以及化為語言的方法之差異。

　　認為工作中有許多浪費的人，會認為「實行」前的「計畫」是必要的。因此，透過語言呈現工作流程時，他們會認為「計畫」→「實行」這兩件事很重要，所以要特別提出來。

　　其次是擬訂計畫後再實行，自然很有效率，然而卻會出現錯誤。想想自己是不是忽略了哪個環節？是否有什麼概念可以提出來？於是產生「要檢查一下工作比較好，這樣就產生「計畫」（P）→「實行」（D）→「評估」（S）等三個概念。

　　然而，就算有了「評估」，計畫也始終一樣沒有突破。因此在進行下一個計劃之前，必須先「改善」才可以。這樣就產生了「計畫」（P）→「實行」（D）→「評估」（S）→「改善」（A）等四個概念。

　　就像這樣，如果腦中有個模糊的想法，清楚地以詞彙呈現構成要素與排列方式。這也可以作為鍛鍊思考力的訓練。

「工作流程」的概念

化為語言
實行（只進行工作）
=
DO

感覺浪費很多。

要事先想好！

化為語言 **計畫**	**實行**
PLAN	DO

不過錯誤很多。

要檢查！

計畫	**實行**	化為語言 **評估**
PLAN	DO	SEE（CHECK）

做法還沒改變。

運用在下一個計畫吧！

計畫	**實行**	**評估**	化為語言 **改善**
PLAN	DO	CHECK	ACT

這樣就可以了！

比較將會帶來
「正確的認知」

　　「不要與他人比較，要活出自己的人生。」這句話乍聽非常合理，不過某種程度來說，如果不好好地跟他人比較一下，就不知道自己活出自我的程度。

　　明明很滿意自己的薪水，但是一知道同事的薪水比較高，馬上心生不滿；知道非洲某國的人民工作一個月拿不到一萬塊日幣時，就會覺得活在富裕的國度真是幸福。

　　總之，我們思考時，大部分都會跟其他事情比較才會有判斷依據。

　　比較之後，重視點‧問題點就會變得明確。

　　例如自己公司每個月的平均加班時數高達二十個小時，自己覺得自己的加班時數很多，但是一旦知道業界的平均加班時數為三十個小時，或許就會覺得自己的問題沒那麼嚴重。

　　或是認為公司每年只研發十個新產品是個問題，但是如果知道其他公司也推出差不多數量的新產品，自己就會改變想法，覺得這不是什麼大問題了。

　　思考問題的解決對策時，有人只會深入研究自己公司的問題，其實可以把眼光轉移到外面，試著與其他公司比較看看，這樣就會更容易且正確地掌握事物的狀態。

思考問題的解決對策時，試著與他人比較是很重要的

好大的蘋果！

當有了比較之後

……才怪。

❶ 不要只看自己，要跟別人比較後再來思考解決對策。

第3章

「三秒思考選項，兩秒決定」的【創意】模式

磨練舉例說明的能力

　　各位是否曾經被主管要求執行「大規模工作」？例如「我們的業務部隊需要進行重大的改革」、「一定要提供全新的價值才行」。

　　像這種時候，或許你的內心會浮現「我知道你的意思，但是我完全不知道要從何做起」等想法吧。

　　基本上，「改變」就是從原點轉移到目的地之後才構成改變的事實。當然，所謂原點就是「現狀」，目的地指的就是「理想」。

　　也就是說，嘴巴說出「變革」、「改革」或是「新價值」時，首先要思考的並非「如何改變」，而是清楚確認「要把什麼東西改變成什麼樣子」。

　　如果這部分都還沒搞清楚就直接思考具體對策的話，就好像不知道目的地就跳上公車一樣。

　　在這裡建議各位要詢問對方「你說的這個，例如是什麼事情呢？」

　　「我們的業務部隊需要進行重大的改革」，提出這種抽象問題時，請詢問對方「所謂改變業務模式，舉例來說指的是什麼呢？」

　　把「只接受訂單的業務模式」改變為「能夠積極提案的業務模式」、把「每個業務分散式的拜訪」改變為以「團隊分配負責區域進行拜訪」等等，只要能說出例子，就能夠提出具體的想法。

說出抽象內容時，具體思考
「舉例來說的話，就像這樣？」

要大大地改變業務的做法！

雖然主管這麼說⋯⋯
如果舉例來說的話是什麼意思呢？

現狀 → 改變 → 理想

我明白了。 了。麻煩你

好厲害呀！ 這麼做您覺得如何？

只接訂單　　　成為　　　積極建議

第3章
「三秒思考選項，兩秒決定」的【創意】模式

反覆思考原因的本質
以找出解決對策

　　若想要解決問題，必須看清楚引發問題產生的「原因結構」。

　　舉例來說，這三個月來商品A的銷售量持續下降。調查之後發現原來是「競爭商品X」三個月前開始暢銷，而影響了A的銷售量。如果沒有發現其他原因，那麼競爭商品X暢銷極可能就是原因，而自家商品A的銷售量減少就是結果。

　　像這樣原因與結果的關係稱為「因果關係」。原因一定比結果更早發生，如果除去原因就不會產生結果。

　　困難點在於這個因果關係是真的存在嗎？

　　例如「由於下屬工作缺乏幹勁（原因），所以主管老是盯他（結果）」，像這種情況也可能是「由於主管老是盯著下屬（原因），導致下屬的工作熱情逐漸冷卻（結果）」。

　　這就是原因與結果顛倒的情況。

　　或者「由於評量制度只有管理階級適用成果評量，下屬就算工作有成果，薪水也不會因此而增加（原因），所以下屬失去工作幹勁（結果1），主管也一直盯著下屬交出成績（結果2）。」

　　總之，很可能原因是其他事情，而「下屬失去工作幹勁」與「主管一直盯著下屬交出成績」剛好都是受到影響而產生的結果而已。如果誤判原因，解決對策就會失準。能否預測切中要害的解決對策，徹底找出引發結果的真正原因非常重要。

被錯誤的因果關係誤導
就會採取錯誤的解決方法，要注意！

原因

下屬工作缺乏幹勁

所以

結果

總是被主管警告

真的是這樣嗎？

原因

總是被主管警告

所以

結果

下屬的幹勁逐漸低落

或許原因與結果顛倒了……

原因

業績評量規則

只有管理階級適用成果評量

結果 1

下屬對工作產生不了幹勁

結果 2

老是被主管警告快點做出成績

搞不好有其他原因……

針對複雜問題要先寫下惡性循環的狀況再來思考

遇到長久以來一直沒有解決的問題時，由於原因與結果互相影響，所以形成不知從何下手的狀態。

例如某家店舖的商品變舊了而不好賣，所以商品越放越舊，於是就更賣不出去。

雖然這樣產生了一個「惡性循環」，不過只要找出這個循環的「原因與結果的結構」，就能夠看出應該從何處著手處理。

像這個例子的情況，推測只能處理舊商品換一批新商品，以中止惡性循環的狀態。

然而，許多狀況感覺像是惡性循環，但是卻難以發現到底是怎麼形成的。像這種時候，請在紙上寫下實際上的循環狀態。

例如以下的感覺：

「工作忙碌→無法參加研習課程→沒有吸收相關知識→被競爭對手打敗而流失客戶→增加拜訪新客戶的次數→更加忙碌」。

一旦寫在紙上就很容易瞭解問題的相關性。接著看出原因的結構之後，再思考要從何處著手處理。大部分的情況應該可以分為能夠處理與無法處理等兩類。

以右圖的案例來說，改善「無法參加研習課程」應該是能夠處理的問題吧。就算多少變得更忙一些，就算拜訪客戶的次數暫時變少，卻可以瞭解出席研習課程吸收新知，是脫離惡性循環的解決對策。

試著以圖形呈現就會清楚看出可採用的方法

再怎麼困難也
一定要參加研習課程充實知識
才行呀！

如果結論中有原創想法，做法就算模仿他人也無妨

思考新的企畫案時，很容易希望所有的想法都是自己原創的。

就算腦中浮現新點子，一旦想到「以前也曾經有過同樣的概念」，很容易就會放棄這個創意的題材。

如果想法有類似的要素就放棄，那麼無論是推特、臉書或Line，都一樣是「朋友們很容易透過網路連結的工具，一點都不新鮮」，這些社群網站可能就永遠不會出現在市面上了。

如前所述，「所謂創意就是重新組合既有的要素」。完全不必要無中生有。

八六頁稍微提過，思考創意時，必須具備兩個觀點。那就是「發現問題的觀點」（發現問題）與「解決問題的觀點」（解決問題）。

想出好的企畫案或新商品的訣竅就是發現生活周遭既存的問題，以及從其他業界的案例找到解決問題的線索，藉此產生高獨創性的創意。

「問題要靠自己挖掘，解決對策則要模仿其他業界」，以這樣的原則思考。

各位目前手中的工作有沒有什麼問題呢？還有，其他業界或服務是否存在著解決該問題的線索呢？

問題要靠自己挖掘，解決對策則要模仿其他業界

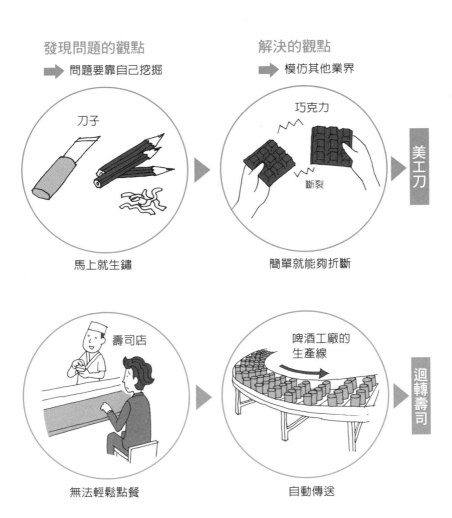

發現問題的觀點
➡ 問題要靠自己挖掘

解決的觀點
➡ 模仿其他業界

刀子

巧克力

斷裂

美工刀

馬上就生鏽

簡單就能夠折斷

壽司店

啤酒工廠的
生產線

迴轉壽司

無法輕鬆點餐

自動傳送

使用「比喻」讓對方 想像未來的畫面

你是否曾經這麼說過呢？

「本公司每家分公司的業務員應對都不一樣，而且素質低落。一樣是店鋪拓展到全國，也有像星巴克這種公司那樣，每家分店的店員都能夠做出相同水準的應對。應該有一套可行的做法才對。」

就算以這個那個的理由思考未來的理想畫面，也還是無法具體想像。像這種時候，建議可以使用本單元的標題所提示的「類推」（比喻、類比）技巧。

總之，清楚確定未來的想像畫面就容易思考解決對策。如果能夠想出具體樣貌，就會知道改革的困難度，或是知道該採取什麼方法才能達到目的等等。

以比喻來思考時，只要寫出「自己的世界」與「比較的世界」之現在與未來的狀態就可以了。

把自己的世界A改變成B，就像是把比較的世界A'改變成B'一樣。當然，這裡的B'就像是以星巴克作為比喻那樣，透過世上既存的事物想像未來改變的樣貌。

想改善的未來目標還沒到。若想要實際地想像未來畫面，以其他領域的案例作為借鏡思考是非常有效的做法。

借助目前存在的其他領域之案例 幫助思考理想畫面

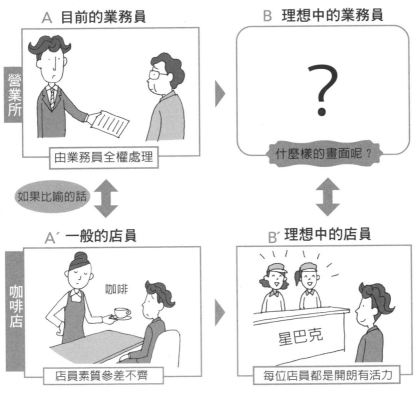

A 目前的業務員

營業所

由業務員全權處理

B 理想中的業務員

？

什麼樣的畫面呢？

如果比喻的話

A´ 一般的店員

咖啡店

咖啡

店員素質參差不齊

B´ 理想中的店員

星巴克

每位店員都是開朗有活力

若要比喻的話，能不能像星巴克的店員那樣呢？

試著找出沒有人察覺到的「主軸」

「三秒選擇，兩秒決定」的人會思考造成差距的「主軸」。

這也可以說是「理解事物的特徵，並且做出判斷的觀點」。舉例來說，企畫「新餐廳」時，各式各樣的「主軸」都可作為思考評斷的觀點，例如「美味的主軸」、「店內氣氛的主軸」、「價格的主軸」、「菜單多樣性的主軸」等等。

料理的美味、店內氣氛、價格等都是一般人會想到的觀點，不過創立「My Italian」平價義大利連鎖餐廳的坂本孝先生，竟然把「翻桌率主軸」觀點帶入義大利餐廳。利用立食的經營模式提高翻桌率，就算使用高檔食材也還有利潤收益。

創立日本最大的二手連鎖書店「BOOKOFF」的坂本孝是發現新主軸的天才。當時他也是為二手書店加入「乾淨的書店主軸」這個新觀點而成功的。

「主軸」明明就在眼前，大部分的人卻幾乎都沒有發現。

舉例來說，思考「當地的宣傳」時，居民自己本身都很難發現自己居住城鎮的美。

輕易地認定自己居住的城鎮「既沒有觀光景點也沒有特產或特色」。然而，如果發現新的主軸，例如「讓人感覺放鬆的景色」、「沒有擁擠人群的寬闊場所」、「充滿人情味的對話機會」，看待自己城鎮的觀點也會改變，有的城鎮甚至因此而重新復活。

思考產生差距的「主軸」是什麼？

美味的主軸

B店
C店 A店

以些微的差距獲勝

沒有什麼
差別呀？

氣氛的主軸

C店 A店 B店

若要說的話，B店好一點點吧

價格的主軸

A店 B店 C店

就先暫定C店好了

翻桌率的主軸

A店 B店 C店　　D店

壓倒性的選擇

⋮

人氣不斷上升！

好好吃喔！

立食的用餐型態

練習發現「共通點」與「不同點」

還有，建議採用以下兩種找尋「主軸」的方法。

①找出類似事物的不同點
②找出乍看完全不同事物的共通點

例如，飯店與旅館、樂天與亞馬遜。由於性質類似，所以會找到共通點。但是若要確實說出不同點卻很困難。

不過，如果說「旅館是和式，進入房間需要脫鞋；飯店是西式，進入房間不用脫鞋」、「樂天以出租店鋪為主，亞馬遜是公司經營」等，像這樣透過語言確實對比的話，不同點（主軸）就會浮現出來。

接著也可以練習乍看是不同事物的共通點。

液化石油氣與礦泉水、雨傘與牛蒡的共通點是什麼？

「液化石油氣與礦泉水搬運時都很重」、「雨傘與牛蒡都很長，所以不容易裝在袋子裡」。一旦發現共通點（主軸）就容易產生新的想法。例如運送液化石油氣的公司開始推出宅配礦泉水的業務，或是以前市面上就有折疊傘，當超市一開始販賣切段的牛蒡後，銷售量馬上變三倍等案例比比皆是。

平常就必須練習「多面向地看待事物」，或是「擁有許多思考主軸」的思考方式。

透過文字確實對比，就會明白其中的微小差異

找出類似事物的不同點

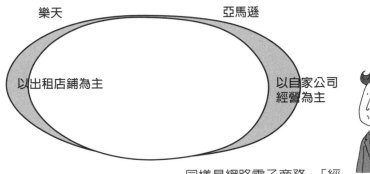

樂天　　　　　　　　　亞馬遜

以出租店鋪為主　　　　　以自家公司
　　　　　　　　　　　　經營為主

同樣是網路電子商務，「經營方法」卻不一樣呢。

找出完全不同事物的共通點

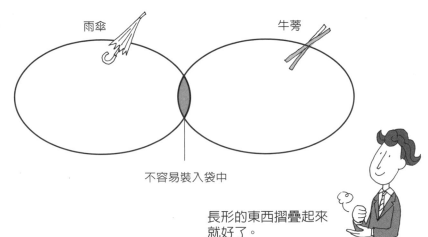

雨傘　　　　　　　　　　牛蒡

不容易裝入袋中

長形的東西摺疊起來就好了。

擁有多個觀點時，
以二軸的方式整理

透過「主軸」思考的方法中，最常用的就是二軸的「矩陣」。能否善加運用矩陣，對於提高創意發想的速度是非常重要的。

在這裡，讓我們試著想想汽車的「新款式」吧。

假設在某國，TOYOTA、馬自達、賓士、BMW、保時捷賣得很好。如果把這些車子分類的話，會是怎樣的情況呢？

或許你會認為「總覺得賓士與BMW的形象比較類似。保時捷雖然昂貴，不過與賓士、BMW又有點不同。TOYOTA與馬自達都是日本車吧。」

在這裡，請加入「主軸」思考。

一個可以設定「高級路線主軸」。賓士、BMW、保時捷是走高級路線，TOYOTA、馬自達則是以平價車為主。

其次試著以「運動主軸」來分類。運動性高的是保時捷，馬自達或BMW也讓人覺得比較偏運動性。TOYOTA、賓士以整體來說比較偏向正統與日常生活使用。

像這樣利用兩個觀點（主軸）整理多項事物的話，就會成為右圖的分類狀態，每項事物的特徵就會一目了然。

這麼一來，在設定新款汽車的定位時，就可以輕鬆地以「運動性的大眾路線」為參考方向。

利用兩個「主軸」將特徵視覺化，以找到切入點

隨意分類的話……

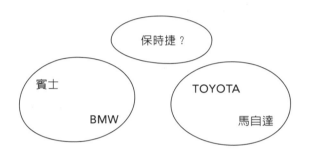

沒有辦法分類
得很好……

如果利用兩個主軸整理……

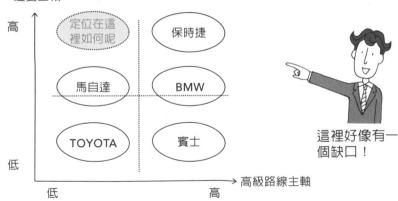

這裡好像有一
個缺口！

取捨就是把「主軸」旋轉九十度來找答案

通常發生問題時，大部分都是滿足這個條件就無法滿足那個條件，滿足那個條件就要放棄這個條件，也就是陷入所謂「取捨」的狀態。

例如陳設辦公家具時，如右上圖所示，「溝通主軸」與「集中主軸」處於相反方向，看起來就像是處於對立方向。解決對策不是往左就是往右，或是選擇中間位置的妥協方案，結果就形成不完美的狀態。

在這裡要思考的是，這兩個主軸真的是完全相反的條件嗎？有沒有可能找到兩者並存的答案呢？

做法就是把某一個「軸線」旋轉九十度，讓兩軸形成直角狀態。這麼一來就能夠像右下圖那樣，形成四個象限。

現狀的解決對策就是先填入「2」與「3」，然後思考「4」的做法。也就是思考「方便溝通又能夠集中注意力辦公的解決對策」。

結果或許會出現背對背辦公，辦公桌之間放一張討論桌的想法。如果認定這個方法無法同時滿足集中注意力與溝通的話，想法就不會被提出來。

一旦把「對立軸」改變為「矩陣」，就會發現解決對策的線索!?

若以對立軸思考的話……

雖然容易對話，不過無法集中注意力。

容易集中注意力，不過不方便溝通。

溝通主軸　　　集中主軸

> 滿足那個就得犧牲這個。

若以「矩陣」思考……

溝通主軸

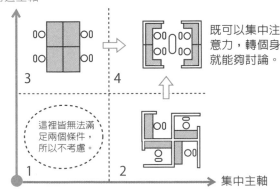

3　　　4

1　　　2

集中主軸

這裡皆無法滿足兩個條件，所以不考慮。

既可以集中注意力，轉個身就能夠討論。

> 兩者皆可成立！

發現「古老的新東西」

思考新的解決對策時,有一個做法是從舊事物找線索。以前的「郵寄」變成「電子郵件」,以前的「相親」變成「婚友社」的商業型態。乍看是嶄新的服務,其實都是很久以前就存在的東西,只是現在重新整合成符合時代所需的新商品。

許多新創意都是利用現在的技術,重新設計以前曾經流行過的東西。

以前所有的東西都是一對一的對應型態,例如對應客戶、文件的抄寫等等。

然而,由於產業革命使得商品或資訊都被大量消費。

不過現在由於資訊化的發展,一對一的對應型態也變得能夠便宜且大量提供。例如戴爾公司的客製化電腦、亞馬遜針對個人提供推薦商品等就是很好的例子。

各位的工作也是一樣,曾經是一對一親切應對的商品或服務,卻被大量消費的型態中斷,這些舊有的商品或服務可能就藏著新商機呢。

第四章

「三秒思考選項，兩秒決定」的【決定】模式

「決定」先靠直覺再講邏輯

工作時，比起想出解決對策，從各種想法中鎖定一項並做出決定更是困難。

實際決定時，應該是使用優先順序較高的幾個主軸（判斷軸）作為評量標準，針對各個選項進行評估，再選出評量分數最高的選項才對。然而，要如何決定判斷主軸，或是這樣的判斷主軸是否存在？實在是說不準。

也就是說，人會在某部分利用直覺做出決定。

「三秒選擇，兩秒決定」的人某種程度會以直覺做出假設性結論，然後再回頭找出做出這個選擇的判斷主軸，這樣就能夠理解自己的決定。

具體來說，假設眼前有二十～三十個想法，以直覺大致選出三～五個選項。

然後冷靜地比較，先決定出自己假設的第一名。如果認為第一名壓倒性地勝過其他選項，便確認這個選項比較好的理由為何。例如品質、設計、價格的平衡都遠遠地比其他選項好，那麼這個評選就算結束。

如果稍有猶豫就要深入比較，例如品質就要選A，設計方面B比較好。其次思考品質與設計哪個比較重要？較差的選項是稍差一些還是天差地遠？一邊思考一邊做出決定。透過這樣的方式就能夠以相當快的速度做出決定。

先以直覺決定，然後再使用判斷軸確認正確性

先以直覺決定假設的答案

總覺得A比較好。

接著確認為什麼覺得這個選項比較好

為什麼我認為A比較好呢？

從品質來看……A與B都好
（判斷軸）

從設計來看……A絕對比較好
（判斷軸）

從價格來看……C很便宜，不過
（判斷軸）　　　A也在預算內

中途階段的判斷
也可能需要「切割」

在做出最後的決定之前，中途通常必須歷經無數個小抉擇。

假如經常要花時間決定的話，工作就無法進行。

例如針對商品的不滿進行問卷調查時，必須決定許多事情，如「調查對象是誰」、「什麼時候進行調查」、「要不要贈送小禮」等等。

這時候最重要的目的是「能否蒐集到具有意義的不滿意見」。在這當中，「要不要贈送小禮」的問題對於目的而言，就不是那麼重要了。

如果每件事情都要仔細思考的話，在不重要的事情上也會耗費太多時間。

設計問卷時，太過仔細思考也很麻煩。例如「對於這個商品有什麼不滿意的地方呢？」，與「使用這個商品之後，有沒有發現什麼問題？」，哪種問法比較好呢？

問卷的問法雖然很重要，不過如果認為兩種問法所得到的答案不會有差別的話，那麼採用哪種問法都無所謂。

無論選擇哪一項都不會有太大的影響，某種意義來說就是「隨便決定就好」。「這是重要的判斷嗎？還是隨便都好？」，請經常試著自問自答看看。

不要在怎麼選都好的問題上鑽牛角尖

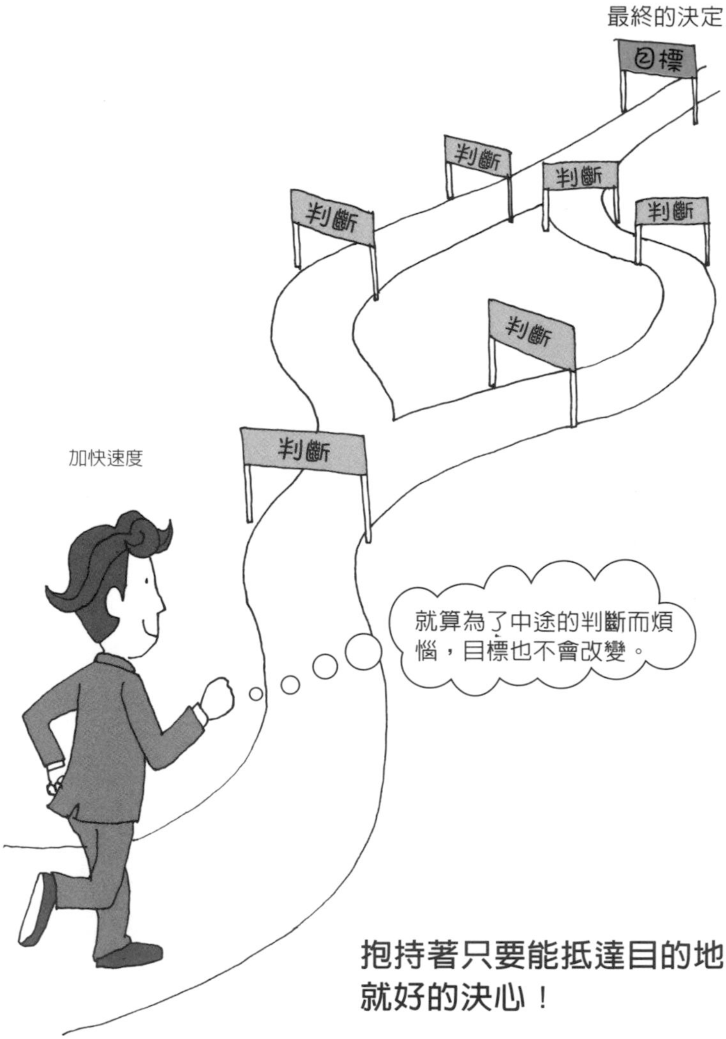

最終的決定

目標

判斷

判斷

判斷

判斷

判斷

判斷

判斷

加快速度

就算為了中途的判斷而煩惱，目標也不會改變。

抱持著只要能抵達目的地就好的決心！

第4章

「三秒思考選項，兩秒決定」的【決定】模式

以「合格的兩條線」加快決定速度

在工作的最後階段，終於到了決定「這樣就完成了」的時候。不過，什麼樣的程度才稱得上是完成工作呢？

「如果再多花一點時間，成果的品質就會更好呀」，雖然腦中這麼想著，但是大部分的人經常需要同時間處理多項工作，所以必須在有限的時間與工作的完成度之間取得平衡。

然而，工作的完成度認定因人而異，也因工作的重要性而有差別。

因此，「三秒選擇，兩秒決定」的人會考慮對方的要求，並設定兩條及格線。

①如果高於這條線就很開心（期待水準）
②如果低於這條線就會生氣（最低水準）

假設自己推測對方的期待水準是八十五分，最低水準是七十分。進行重要工作時就要努力得到九十分以上的高品質成果，這樣對方就會非常滿意。

反過來說，如果是簡單的報告這種不用耗費太多心力有做就好的工作，以七十分合格的品質，而且不要花太多時間完成的快速應對，才會給對方好印象。

透過「兩條及格線」事先瞭解對方的要求程度，將有助於決定工作的完成水準。

根據工作的重要性思考工作的品質要求

做重要的工作時

勝負!!

以超過90分的
水準越過!

85分

期待水準

好棒!

做無須耗費心力的工作時

72分跳過

這個工作輕
鬆快速地完
成吧。

工作既快速而
且周詳呢～

70分

最低水準

就算有缺點，只要有希望也要決定

面臨必須做出決定的情況，雖然知道非決定不可，但是總是難以下定決心，這樣的情況應該有過吧。

「如果我這麼決定，他一定會反對吧」、「這個決定可能會超出預算」、「感覺跟其他公司的商品很類似」等等，大體上覺得這個想法比較好，但是又覺得好像有些缺點。

只是，如果一直在意這個缺點，將永遠無法做出決定。請培養容忍缺點的技巧吧。

訣竅就是確實寫出優點與缺點。

然後互相比較每一個優、缺點的意義與比重。

缺點只能一個個解決。例如說服某人、爭取預算、為了規避風險而事先做準備等等，即便如此，也無法百分之百消除所有缺點吧。

如果要等到除去所有缺點再決定，這個決定就真的會一直延遲下去。

把優點與缺點放在天秤上，如果某種程度覺得有希望，就必須快速決定並付諸行動。在實際的工作中，通常如果有七成的把握，就必須做決定。

在職場上無法等待百分之百的確實證據

不應該「覺得不安所以無法行動」

怎麼辦，無法決定。

很在意缺點哪～

就算感到些許不安，也要判斷並付諸行動

就算多少有些缺點，

以整體來說並無不好，那就動手做吧！

掌握自己的判斷與評價主軸

　　當你被問到「為什麼會決定這個方案呢？」你是不是會支支吾吾，「嗯，就憑感覺……」而無法說出一個具體的理由？

　　其實就算你真的是以直覺做出決策，腦中應該也是使用幾個判斷主軸‧評估主軸進行複合式的評量，然後才決定最終方案。

　　那麼，一般來說是什麼樣的判斷主軸呢？以下舉出兩個判斷主軸與三個判斷主軸中最常用的兩種進行說明。

①兩個主軸組成的「矩陣」
②三個主軸組成的「評量表」

　　當判斷主軸有兩個，例如研發新商品時，根據「獨創性」（與他公司相比是否比較特別）與「實現的可能性」（是否能夠開發）進行判斷；若是業務的提案報告，通常都會以「客戶滿意度」與「利潤」為判斷主軸。

　　判斷主軸有三個的話，通常是「品質」、「成本」、「交期」（出貨或速度），或是「（是否有）市場性」、「（能否打敗）競爭對手」、「自家公司（是否有必要的資源）」等等。

　　無論是兩個主軸或三個主軸，決定時要先檢視自己是如何使用判斷主軸的。其中隱藏著自己的價值觀或是對於優先順序的認知。「三秒選擇，兩秒決定」的人會掌握自己的判斷主軸，提高決定的速度。

靈活運用「矩陣」與「評量表」來幫助決定

如果判斷主軸有兩個，可以利用「矩陣」

新商品的評價

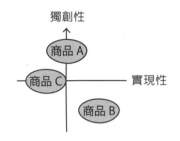

對客戶提案的評價

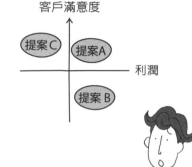

商品A具有獨創性，不過實現性有點問題啊，實現的可能性要再研究一下。

如果判斷主軸有三項以上，可以利用「評量表」

合作夥伴的評量

	品質	成本	交期
A社	◎	×	○
B社	○	○	△
C社	△	◎	○

新創事業的評量

	市場	競爭對手	自家公司
A事業	◎	○	×
B事業	○	△	○
C事業	△	○	◎

步驟 6　從現實與興奮兩個面向觀察

請稍微想像一下。

某家連續幾年都虧損的公司老闆，聘請一位超知名的顧問來協助改革業務。

顧問提出的建議理論上來說都是正確的。過了一陣子，相信顧問所言的員工們彼此間的對話減少，笑容減少，只會談論與目標有關的數字。本來喜歡該公司開朗應對的銷售氣氛的客戶，逐漸不再消費，業績甚至比以前還差。

以道理思考的人其「判斷主軸」是合理的。

高品質、高功能、低風險、交期短、低價格……以容易透過數字量測的現實主軸作為判斷依據。

然而這種人容易忽略「興奮嗎？」這種判斷主軸。這些情緒性的反應無法利用數字表現。開心嗎？帥氣嗎？具有挑戰性嗎？這些都是眼睛看不到的東西，但是雖說眼睛看不到，卻不表示不存在。

工作是人在做的，如果缺乏興奮的要素，就難以持續也無法產出高品質的成果吧。

選擇時問問自己「興奮嗎？」

這是想獲得成功的重要判斷主軸。

不只是「數字」，也要重視「內心」的判斷主軸

如果只依賴道理的話……

削減50%的浪費創造盈餘

這個道理我懂，但總覺得不舒服……

如果單靠熱情……

以世界No.1為目標！

內心雀躍

充滿熱情。

不過辦得到嗎？

數字與　　　　　　　　　熱情

保持平衡

以高於委託者的角度思考

工作時，是否曾經被要求「眼界要拉高一點」、「站在社長的立場看這件事」？

「三秒選擇，兩秒決定」的人擅長改變角度來看待事物。

從社長的角度到工作現場的角度，從全球化的角度到眼前客戶的角度，自由地轉移「空間主軸」。

還有，從過去看現在，從未來看現在，或是以短期的角度、長期的角度等等，靈活地轉移「時間主軸」。

然而，通常就算被要求「以社長的角度看待事情」，也很難一躍而上站在社長的立場思考。

因此，請先試著站在委託者的角度吧，思考從對方的角度能夠開啟多寬廣的視野。接著把角度移到上一層的主管立場。從這兩階段的角度來看待受委託的工作，思考這項工作的意義為何？

像這樣思考，就會看出自己投入的這項工作之本質。要做什麼才好？目的是什麼？什麼東西是不能放棄的？

當然，就算移動角度，始終也是自己推測的角度。不過如果有意識地持續推測，就變得能夠預測自己原先沒有注意到或不瞭解的事情，也變得能夠做出瞭解對方需求的判斷。

習慣以對方的角度思考

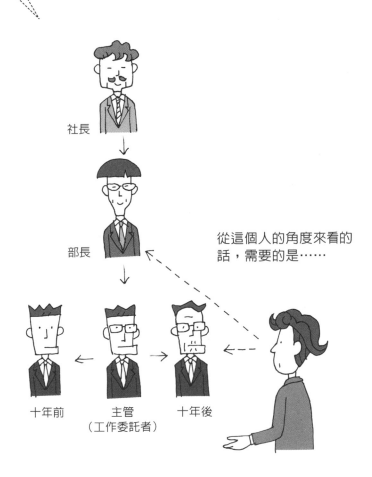

社長

部長

從這個人的角度來看的話，需要的是……

十年前

主管
（工作委託者）

十年後

❶不要只專注眼前的主管，應該把「角度」轉移到主管的主管，或是主管的過去‧未來。

別忽略被淘汰出局的因素！

步驟 8

工作進行到一半遇到大問題時，通常是因爲判斷時遺漏了某個檢視點。

舉例來說，決定某項新商品時，透過自己認爲重要的判斷主軸（品質・預算・交期・安全性等），採取最好的想法並啓動生產線。結果賣出去的商品發生關鍵性的問題，例如侵犯其他公司的專利而被要求停止販售與損害賠償。

這類的案例在商場上時有所聞。

我們通常會以優先順序高的判斷主軸決定事物，然而這時還是必須檢視是否存在著會造成決定性問題的「出局因素」。

再怎麼高功能的IT工具，只要有安全性的疑慮就無法引進使用；再怎麼超越其他公司的營業模式，只要違法就不能採用；多美味的料理，只要是宗教上不允許的就無法提供。

判斷事物時，必須考慮優先順序高的判斷主軸，以及就算優先順序不高，只要不符合最低限度的條件，就無法進行的主軸等兩個面向。

只注意前者的優先順序，可能會忽略後者的最低條件，判斷時請務必注意這點。

要習慣檢視未察覺到的問題

具有獨創性!!
預算通過!!
有機會製作!!

但是沒有仔細調查就貿然進行……

被判出局……（哭哭）

思考晚期大眾會接受的解決對策

一般人對於創新的事物會有什麼反應呢？傑佛瑞・墨爾（Geoffrey A. Moore）在《跨越鴻溝》（*Crossing the Chasm*；臉譜出版）一書中舉出五個階段性的反應。

①創新者：迫不及待使用新東西的人

②早期採用者：較早階段引進使用的人

③早期大眾：看到使用沒問題才會考慮引進使用的人

④晚期大眾：已經普遍了才會想要引進使用的人

⑤落後者：永遠都不想用的人

然後，新事物是否會固定下來，早期大眾的認同與否非常重要。另外早期大眾與早期採用者之間存在著鴻溝（Chasm）。如果無法跨越鴻溝的話，新的企畫或創意就無法被世人接受而永遠消失。

各位所想出的實行計畫或解決對策是能夠被早期大眾與晚期大眾接受的內容嗎？如果不是的話，很可能在中途階段時，該計畫就會停滯而無法向前推進。

判斷實行的計畫或解決對策時，請養成習慣，經常問自己「這個想法真的可行嗎？」

把連「大家都用了，我也只好來用用看」的晚期大眾都納進來吧！

完成新的IT工具了。如果使用這項工具，工作效率將會提高三成！

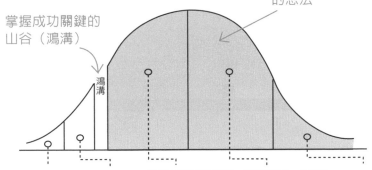

掌握成功關鍵的山谷（鴻溝）

鴻溝

請思考這些人的想法

馬上就衝出去	積極型	如果好的話就會使用的多數人	既然普及了，沒辦法只好使用	死都不想用
創新者	早期採用者	早期大眾	晚期大眾	落後者

| 好厲害喔，馬上試用看看！ | 我也來用看看吧。 | 先觀望一下吧。 | 感覺用起來很麻煩。 | 跟不上所以不需要。 |

就算提出「遭反對的結論」也不擔心

身邊的人都同意的方案不見得一定是好的。提出具有挑戰性的結論時，多數人都會持反對意見。

舉例來說，伊藤洋華堂（Ito-Yokado）的鈴木敏文先生將7-ELEVEN引進日本時，Sony的盛田昭夫製造無法錄音的Walkman時，都遭受公司內部多數人的反對。

總之，事後回頭看看那些採取改變潮流決策的人，就算自己的決策無法獲得多數人認同，他們也相信這是正確的決定而積極向前挺進，也因此抓住了成功的機會。

活躍於美國Ziba設計公司的濱口秀司舉出革新的三項特徵。

①沒看過、沒聽過的創意

②能夠實現

③會產生贊成‧反對意見

特別是第三項才是重點，濱口認為在公司內部產生影響、贊成與反對意見交雜的討論是革新所需要的。也就是說，任何人都同意的創意，極可能是有人早就想到的無聊計畫。

無法獲得任何人的認同也可能是固執己見，不過有時候必須抱持著就算遭到反駁，也有向前衝的勇氣吧。

全體人員都贊同的想法極可能非常普通

其實是普通的想法。

越是嶄新的創意，乍看之下越不容易瞭解。

過了一夜還留在腦中的資訊，就是最重要的資訊

　　思考時，各種要素在腦中糾結，變得不知「該如何思考才好」。

　　腦中想著各種事情時，可以將想到的資訊寫在紙上，一邊看著紙上的資訊一邊動腦。透過眼睛輸入資訊同時思考的話，能夠在短時間之內徹底找出必要的資訊。

　　然而，接下來就辛苦了。雖然可以縮小範圍到某種程度，不過有時候剩下都很重要的最後五～七個時，可能就會無法往前進展。

　　像這種時候就把選項擱著，先睡一覺吧。把腦袋放空，管他哪個重要，先睡再說。

　　隔天早上醒來已經忘記了大部分的事情，不過就算不用看筆記，應該也會記住幾件事。腦子清醒後，不知為何就能夠整理思緒了。這時不用看筆記也還留在記憶中的事，大概就是最重要的了。

第五章

「三秒思考選項，兩秒決定」的【傳達】模式

別忽略對方的「表情」、「想法」、「興趣」

明明就是費了一番功夫做出來的資料,卻無法順利讓對方明白自己的想法,而導致企畫或提案失敗。相信許多人都有過這樣的經驗吧。

就算完成自己覺得滿意的資料,如果無法清楚說明,這項工作就不算「結束」。

那麼,若想要順利地將內容傳達給對方以「達成共識」的話,該怎麼做呢?

不擅長傳達的人,最大的問題就是他們沒有看著對方說話。

沒有看對方,除了沒看對方的「表情」,也包含沒有看對方對於你的說話內容的「感覺」。甚至,完全沒有看對方對於什麼「感興趣」。

對方明明就是很無聊地聽你說話,你卻一副毫不在意的態度,自己只是費盡功夫努力地說明資料內容。

另一方面,擅長傳達的人會確認對方的表情。推測對方正在想什麼,在意對方感興趣的內容。

所謂溝通要在對方瞭解後才算成立,所以請思考如何高明地傳遞訊息,讓對方理解你的說話內容吧。

有對象，溝通才成立

不擅長傳達的人只會看著自己的資料

擅長傳達的人會看著對方的表情說話

以「正確」與「能夠實行」組成說話內容

對他人說明時,很容易陷入只要自己說的是對的,對方應該就會明白的迷思。

例如,假設大家都熬夜加班的業務員們,聽到業務企畫部的人這麼說,內心會怎麼想呢?

「業務員再怎麼忙也不要堆積日報,當天就要寫好交出來。我們擬定業務策略時,如果不知道即時動態是要怎麼做啦!」

相信業務員內心一定認為,「只會說些冠冕堂皇的大道理,完全不知道我們業務員的工作到底有多忙!」

也就是說,只說正確的內容(正論)是無法打動對方的。

接著要思考的是,想要傳達某些訊息時,除了自己認為「正確」的內容之外,是否加入對於聽者而言能夠實現的「具體對策」呢?如果答案是NO,該項企畫案・提案就非常不可能通過。因為就算自己認為「正確」,對方也可能認為「辦不到」。

總之,除了傳達內容必須「正確」之外,也應該加入對方認為「能夠實行」的內容。若想要做到這點,則必須說出具體日程表、時間、費用、人力資源等,也必須說明執行時發生阻礙的解決方法。

正確言論+具體對策,這是一次就能清楚說明的人會採用的說明結構。

光靠正確的言論無法打動別人，請加入具體對策吧！

不要以正確的言論逼迫對方

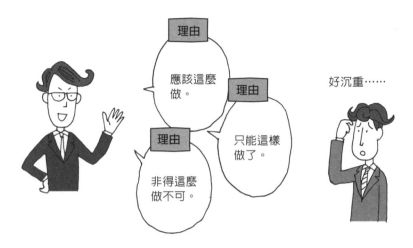

理由：應該這麼做。

理由：只能這樣做了。

理由：非得這麼做不可。

好沉重……

以正確言論＋具體對策討論吧！

理由：我認為這麼做不錯。

具體對策：你不覺得如果像～那樣做的話，會比較容易進行嗎？

噢，確實如此。

改變說話的表達方式

　　會說話與不會說話的人，不知爲何表達方式大不相同。明明提案報告的內容或是說話的邏輯與意義都一樣，因著說話方式的不同，有時會讓人聽得津津有味，有時卻讓人聽得想睡。

　　說明工作時，有人認爲「只要意思到了就好了不是嗎？」。不過，工作是以人爲對象，所以最好能夠讓對方覺得感動，至少也必須讓對方表示贊同：「確實如此呀。」

　　因此，每天有意識地以稍微不同的「語言組合」，改變傳達方式是很重要的。

　　各位發送的訊息是組合每個詞彙所設計出來的成果。

　　「業務員也需要行銷技巧」、「如果業務員具備行銷技巧，成果就會不同！」，以及「未來業務員如果想要存活，靠的就是行銷技巧吧！」，這三句話的資訊內容都差不多，但是傳達方式卻不同。

　　無需使用傲慢或強調的語氣。只是，請想想哪個詞彙要以哪種順序，如何措辭會比較容易傳達自己的想法，試著「設計詞彙」看看吧。

依著說話方式不同，「傳達方法」也大不相同

我想說的是這
件事。

對於 業務員 而言 行銷技巧 是 必要 的。

改變先後順序，
讓對方內心比較
有感覺。

業務員 需要 的是 行銷技巧 。

試著改為較強
烈的語氣！

未來
↑ 業務員 若想要 存活 ，靠的就是 行銷技巧 吧！

讓對方意識到時代的潮流。

試著改為稍微強烈的語氣。

155

先說出「從結論來說……」

　　不習慣說明的人傾向於以自己腦中所想的順序說話。「首先，我採用的是A，結果變成B。接著我又針對C進行調查……」

　　對方內心一邊想著「喔，到底要說到什麼時候啊～」一邊耐著性子聽著。聽者其實對於中間的過程完全沒有興趣，他們想知道的只有結論與理由。

　　因此，希望讀者要記住兩個口頭禪。第一個是「從結論來說的話」（→另一個將於一五八頁說明）。

　　對方光是聽到這句話，就知道說明可能不會太長而感到比較放心，而且從結論開始說起，就能夠集中注意力判斷內容的好壞。

　　只是，必須注意你的結論與聽者的預期不同時的情況。當聽者認為A方案比較好，結果聽到「從結論來說我認為B方案比較好」時，內心就會產生抗拒而無法靜下心來聽你說明。

　　因此，遇到這種情況時，請先說一句讓對方有心理準備的話，例如「若從結論說起的話，或許與您所想的有出入」、「若從結論說起的話，或許您會感到很意外」。如果開場白就先說明「我瞭解這個結論與您的預期不同」，對方也就會冷靜聽你分析了。

比起你的思考過程，對方更想聽的是結論

首先，針對這個專案，我們認為……

嗯嗯。

五分鐘後

然後，我們考慮的是……

好長啊。

十分鐘後

後來，雖然多少有點離題，不過我們也想到這點。

別再說了……

❗ 別讓對方覺得不耐煩。

157

以「理由有三個」來
傳遞訊息，加強說服力

繼結論之後，接著要陳述的是理由。第二個希望各位記住的口頭禪就是「理由有三個，第一……」。

只是，較難做到的是說出讓對方同意且兼顧各面向的理由。

因此，以下介紹任何場合都能夠使用的理由組合方法。

如果是針對物品，以「①品質‧功能很好，②價格實惠，③第三個理由」的結構陳述理由；針對服務等事項則可以舉出「①具有效果，②能夠有效率地達成，③第三個理由」等。

「第三個理由」可以是「速度」（交期、應對能力等）、「實績」、「設計」、「安心」（風險小）等等。

試著加入對方可能會在意的理由吧。

若是產品，說法大概就是：「以結論來說，我認為A商品比較好。理由有三，首先，品質方面○○很不錯。第二，○○的成本可以控制在預算內。第三個理由是，從實績方面來看，這是外銷到世界○國的公司所生產的產品。」

若是針對事情，可以說明如下：「以結論來說，我想實行A計畫。理由有三個，第一，○○可以預期得到較好的成效，第二，○○能夠有效率實施，第三，由於是○○，所以風險不會那麼高。」

當然，可以提出來的理由很多，如果感到困惑的時候，就照著這裡教的做吧。

從結論來說就是選擇○○！

理由有三個，

第一，以效果來說是○○；

第二，效率△△；

第三，風險XX有比較低。

好，就這麼做吧！

159

從時間反推來組合說話內容

　　準備報告或簡報時，感覺大部分的人都是先想好說話內容，再把這些內容塞在有限的時間裡說完。

　　組織說話內容時，應該根據時間長短，而非想表達的內容。

　　舉例來說，假設說明時間有三十分鐘，一開始的介紹五分鐘，總結五分鐘，這時就要思考其餘的二十分鐘如何運用。

　　接著如果二十分鐘要分配給三個主題的話，每個主題就必須在六～七分鐘之內說完。以這樣的架構安排，就能夠一邊想像大致的流程，一邊思考內容，這樣就能夠充分運用有限的時間說明。

　　如果只有五分鐘的時間做法也是一樣。開場白要保留一分鐘，總結一分鐘，所以說明的時間剩三分鐘，三分鐘分配給三個主題，每個主題就只有一分鐘的時間。總之，如果有五分鐘的時間，與其這個那個天馬行空地亂說，好好地把想說的內容歸納為三個主題的做法更是穩當。

　　另外，如果有三十分鐘的時間說明，每三分鐘就要丟出一個令人印象深刻的訊息。準備階段就要先想好，在說明中「聽者會覺得有趣的部分在哪裡呢？」，三分鐘釋出一個讓人覺得新鮮的內容，也就是三十分鐘要丟出十個。若不這麼做的話，聽者就會開始覺得不耐煩了。

　　就某種意義來說，請以電視節目製作人的角度思考不讓觀眾轉台的說話順序。

首先，可以大致以時間切割內容

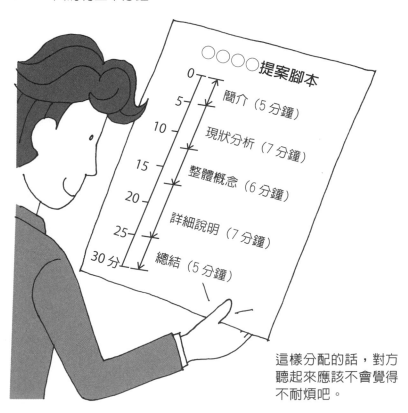

因為有三十分鐘……

○○○○提案腳本

0	
5	簡介（5分鐘）
10	現狀分析（7分鐘）
15	整體概念（6分鐘）
20	詳細說明（7分鐘）
25	
30分	總結（5分鐘）

這樣分配的話，對方聽起來應該不會覺得不耐煩吧。

❶ 以三十分鐘的情況來說，「簡介五分鐘，總結五分鐘」，其餘的二十分鐘分為三個部分最為理想。

步驟 7
以理所當然與意料之外的對比，塑造說話內容的節奏感

　　筆者聽完年輕員工的說明或報告後，總是會問：「剛剛你的說明中，自己覺得有趣的部分是哪部分？」

　　所謂有趣可以說是「原來如此」的贊同，或是「什麼，是這樣啊」等讓人感到意外的內容。

　　說話之前，一定要思考一件事。

　　那就是「我要說的內容是不是聽起來很平凡？」，這也是非常重要的。

　　書本的書名顯示書中充滿著出乎意料的內容。例如《你的成敗，九十％由外表決定》（竹內一郎著）、《以遊戲看待就做得好》（深田浩嗣著）、《成功一日可以丟棄》（柳井正著）等，都是引發讀者產生興趣的書名。

　　那麼，若想說出令人出乎意料的一句話，該怎麼做呢？請對比「理所當然的事情」再動腦思考。

　　例如，試著對照上述的書名與一般的想法，「大家都說人的內在最重要而非外表，但是其實外表決定了九成的分數」、「比起認真工作，讓工作存在著遊戲感會做得更順利喲」、「比起執著成功的案例，快點忘記成功的喜悅，投入下一個工作更好」。

　　畫線的部分都是一般人的普通想法，也就是特意陳述常識的部分。像這樣把「理所當然」與「意料之外」的事情做前‧後的清楚對照，就能夠達到有趣的表現。

特意呈現「鴻溝」，語言的表現就會產生差距

新商品所需要的是

增添更多新功能。
（理所當然的事）

其實不然

鴻溝

什麼？

現況是

而是削減現有的功能，使
商品功能更簡單。
（意料之外的想法）

喔～原來
如此。

步驟 8 「具體的經驗」讓說話內容簡單易懂

請閱讀以下短文。

「聽人說話時，就算是勉強也要在臉上堆出笑容。其實，從前跟客戶洽談業務結束後，客戶曾經問我：『您在生氣嗎？』我內心一驚。從那時起，我就時時提醒自己臉上要帶著笑容。」

這是個讓實際畫面浮現腦中的說明。

說話簡單易懂的人，會穿插「抽象」→「具體案例」→「抽象」→「具體案例」說話。

另一方面，說話艱澀難懂的人則淨說些「抽象的內容」。

「做生意嘛，笑容是最重要的，也要點頭或附和對方，更別忘記做筆記……」就像這樣的感覺。

像這種抽象的說話內容不具說服力。還有，一旦「應該論」太多，聽者會覺得受到約束而覺得厭煩。

還有，突然之間想說出具體案例時，也會感覺「哎呀，我明明有一個好例子……」，結果在重要的時刻卻說不出口。

抽象的思考方式透過幾次的經驗累積，就會在腦中形成概念而定型，結果經驗或案例等概念的來源卻忘得一乾二淨。

因此，具體的經驗必須記錄下來。挨罵的時候、失敗的案例等，這些都是「傳達」訊息時非常重要的資產。

穿插「抽象」與「舉例說明」，
就如同串燒肉與青蔥的關係增添韻味

如果都是肉（抽象的內容）

 抽象 業務員的笑容非常重要。

抽象 另外也要記得點頭表示贊同與附和對方。

抽象 接著做筆記也是必要的。

 消化不良……

肉（抽象）之間夾青蔥（舉例說明）的方式……

抽象 業務員的笑容非常重要。

舉例說明 例如前一陣子我也被客戶說……

抽象 另外也要記得點頭表示贊同以及附和對方。

舉例說明 像是開會時……

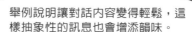 舉例說明讓對話內容變得輕鬆，這樣抽象性的訊息也會增添韻味。

步驟 9
比起利用「道理」說服，以「實績」推薦更有效

在這裡做個小實驗。以道理說明或利用實績說明，哪一種方式比較具有說服力呢？

①這個商品無論是品質、設計都很好，價格也很親民。

②這個商品以美國的名人為主要銷售對象，三個月就賣十萬個。

如何？②的實際銷售成績直接傳達了你想要表達的訊息。

許多提案報告或企畫書都會在最後列出過去的實績。筆者內心經常懷疑這麼做的效果。因為，實績是強而有力的武器，應該在最開始的階段帶給對方深刻的印象，而不是放在最後當附錄參考。

例如，某個村落將白米獻給羅馬教宗之後，這米就因為是羅馬教宗吃過的而聲名大噪。比起聲嘶力竭讚嘆白米的美味，光靠一個實績就能夠產生強大的說服力。

特別是介紹初次見面的人或首次看到的商品時，實績比道理更具有說服力。

就算不是讓人感到驚訝的實績也無所謂。

「到目前為止他經手過的四個專案都成功完成」，或是「雖然不是大數字，不過每天都能賣出三十個」等，就算是小數字，如果想辦法當成實績運用也非常有幫助。

使用實績的目的不是強調「很厲害吧」，而是「超越最低標準，所以請放心」。

「道理」是為了理解而說的，
「實績」是為了信賴而說的

光是以道理說明，說服力薄弱

這個商品的品質最好，設計功能非常優異，價格也很實在。

哎，聽不太懂。

先說出實績抓住對方的注意力

以美國名人為主要銷售對象，三個月就賣出十萬個。

聽起來值得信賴，我也想買！

如果對方總是愛挑剔，善加運用「放棄方案」

如果對方是經常會挑剔的人，就算自己認為這是最佳方案，也會被「沒有其他選擇嗎？為什麼你能斷言這個比較好呢？」等問題問得招架不住。最後還被對方要求「你再多想想吧」。

對這種對象說明時，請把曾經仔細檢討但未採用的「放棄方案」留下來吧。

然後預先製作一份如右圖般可以比較各方案優缺點的一覽表，而不只是列出方案名稱而已。

說明的方式就像這樣，「總結來說，我個人考慮的是設計與品質都比較好的A案。就算稍微增加成本，也想製作高品質產品的話，可以選擇B方案。如果把重點放在成本上，C方案能夠以低預算、最低限度的規格完成，或許也可以考慮。不過我個人是建議A方案，不知您的看法如何？」

以自己的考量建議A方案，同時提出「也可以考慮其他方案，您覺得如何」，讓對方擁有較大的選擇空間。

這麼做既可以讓對方瞭解你是以多重角度思考，同時讓對方有機會思考答案。這樣對方也會把這件事當成自己的事仔細研究。或許對方不會選擇你所推薦的方案，但是這麼一來，後續的對話就能夠更順利進行。

說明時製作一份加入放棄方案的一覽表

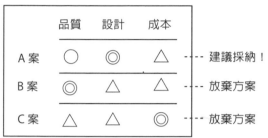

	品質	設計	成本	
A 案	○	◎	△	- - - 建議採納！
B 案	◎	△	△	- - - 放棄方案
C 案	△	△	◎	- - - 放棄方案

建議採納

我個人建議各方面都考慮到的A方案。

思考周全，不愧是專業人士。

放棄方案

如果著重品質可以採取B方案，若是考量成本的話，C方案也是可以考慮。

當對方猶豫時，促使對方做出決定的說話方式

如果對方是優柔寡斷的人，一旦選擇項太多就無法決定。

如果你提出A方案、B方案、C方案，並問對方：「哪一個好呢？」對方會很猶豫：「嗯，每個方案都各有優缺點，實在無法判斷啊……」時間就這樣一點一滴流逝。

面對這種對象，仔細解釋是加快決定速度的關鍵。

「～的三個方案是比較好的選項。因為○○的理由，所以我認為A方案比較好，您覺得呢？」這樣的說法是不行的，應該說：「～的三個方案是比較好的選項。因為○○的理由，所以我認為A方案比較好。雖然有些部分難分軒輊，不過請讓我執行A方案，拜託了。」雖然你提出多項選擇讓對方選擇，不過也要以強硬的態度推薦自己選擇的方案。

如果對方看到連提案的你都拿不定主意：「我自己也不知道該怎麼辦呀。」他也會跟著你一起猶豫起來。另一方面，如果提案者看起來態度堅定，對方就能夠放心，「雖然我無法清楚判斷這個方案比較好，不過對方看起來很有自信，就交給他辦吧。」

自己做決定需要勇氣，不過一旦習慣了，做起事來反而比較輕鬆。而且由自己決定的話，也比較會產生幹勁。

歸根究底來說，提出多項方案時難分軒輊，這時就要向對方說明每個方案各自不同的優點。自己要相信任何一個方案都會成功，並以如此的自信向對方說明。

不要問「哪一個好？」，應該說「我認為這個好」

如果交給對方判斷的話……

哪一個好呢？

就算你問我哪個好我也
不知道。嗯，苦惱啊～

主管

確實說出自己的判斷

我認為A好！

就交給你辦囉！

主管

171

以正向的訊息感動對方的心

帶領身邊的人順利進行工作的人，說話總是聽起來很積極。為什麼呢？

以下讓我們試著比較看起來總是沒有自信的A，與積極為對方加油打氣的B，看看這兩人的說話方式有何不同。

「雖然我沒有自信能夠做得好，不過我覺得也只能這麼辦了，您認為這樣的做法如何呢？」這是A的說法。如果聽到對方這麼說，我們就會覺得「如果沒有自信還是不要做吧。」

另一方面，B說：「我認為這個做法最好。當然會有風險，不過我想一定會順利完成。您說是吧！」

聽到這麼積極正面的說法，主管也會想支持你：「就算失敗我也會負起責任，就交給你了！」

沒有人知道未來的結果會如何。只要自己積極「描繪」未知的將來就好了。

當然，著手進行前必須徹底思考周全，至於工作是否真的會順利進行？有些部分就算想破頭也不會有答案。

不要說「我不知道是不是會順利，您覺得如何呢？」應該說：「我認為一定會順利完成，請讓我試試看。」這樣聽者也會覺得有信心，並且會積極支援。

傳遞訊息時，請記得使用「安全詞彙」

NG詞彙

> ・不知道能不能順利進行⋯⋯
> ・只有這個方案，所以⋯⋯
> ・不是很確定⋯⋯
> ・沒辦法⋯⋯

若是這樣就別做了吧！

使用安全詞彙吧！

> ・一定會順利的。
> ・我認為這個做法最好。
> ・我相信能夠○○。
> ・請務必讓我試試看。

173

步驟 13 請對方協助時，要表明自己的自主性

聽到無法順利獲得他人協助的人說話時，會覺得「到底是誰主導這件工作的呀」。

「如果您能夠做○○的話，我也會幫忙……」像這種表現方式會讓人覺得，「我也會幫忙的意思是，你是支援我的人嗎？」

工作順利的人會夾帶著自主性的語氣說明原委。例如「為了○○，我希望做△△。所以，□□的部分能否請您務必幫忙？」

一定要讓對方知道想做這件事的是你自己，表達想請對方幫忙的立場。

提出支援的要求之後，或許會擔心對方對於分配到的工作是否會扛起責任。

雖說如此，要求對方「請對分配的工作負責」，對方也不會瞭解你的心情吧。

倒不如熱情地說明，讓對方知道你自己是多認真做這件事，最後對方也會產生責任感，做好自己分配到的工作。

能夠「三秒選擇，兩秒決定」的人，不會要求對方出手抱住「責任」這顆球，而是自己先出手，並緊緊抱住這顆球之後，再尋求對方的協助。

自己要確實扛起責任說明原由

自主性模糊不清的話，無法獲得協助

說明時讓對方感受到你的自主性

小事無須一一反駁

　　任何場合都會出現說話離題的人。例如「喂，我很在意這點」，或是「你想過這樣的可能性嗎？」等等，有時會丟出一些意料之外的問題。

　　經常會發生的失敗就是過於認真應付這些離題的問題，結果不斷偏離主題而無法脫身，最後超過預定時間。

　　能夠「三秒選擇，兩秒決定」的人，會確實認清楚說話的主題，對於稍微偏離主題的問題或想法，他們就會含糊帶過。

　　要注意理解的方式每人各不相同，對於做出非預期反應的人所說的一字一句，無需過度敏感。

　　巧妙面對問題的訣竅並非思考問題的答案，而是思考該問題是針對說話內容的哪個部分所提出的。

　　如果是影響主題的重要問題就要詳細回答，否則就可以說：「您說得沒錯，我沒有從這個切入點思考。」像這樣稱讚對方的著眼點但卻不深究，這才是聰明的做法。

　　若想要達成說明的目的，無須證明自己的想法全部都是正確的。對於與達成目的較不相關的事情，只要抱持「他想說就讓他說」的心態就好了。

絕對不能被離題的對方牽著鼻子走

這個顏色是不是感覺有點奇怪？

不不，這是有經過充分研究的喲，如果是其他顏色的話……

明明新產品的概念都還沒決定，真是浪費時間哪……

❗ 重點是稱讚對方的著眼點，「您說得沒錯」卻不深入探討。

對於困難的案件，先思考要分為幾次的提案進行

步驟 15

提出困難的企劃案時，可以採用從一開始就分多次提案並實行的方法。

雖然自己認爲已經瞭解得很透徹，但是聽者最多在三十分鐘之內就必須瞭解內容。

因此，一開始就先歸納提案的整體流程與今天想確認的事項，並且清楚確認未來將透過幾個步驟達到意見一致。

舉例來說，若想要以三個步驟進行「引進居家工作的企畫案」的話，以下面的方式分開提案，不要一次就想全部達到共識。

第一次 共享主題與理想畫面的共識
第二次 解決方案的架構之共識
第三次 具體做法之共識

聽者一次聽到大量資訊將會跟不上腳步消化吸收，這樣就很難下定決心同意你的提案。

如果把想說的內容分割成幾部分，自己準備起來既輕鬆，也能減輕聽者的負擔。這樣在中途階段也容易修正方向。

只是，一開始就必須先說清楚打算分爲哪幾個步驟。建議如右圖那樣使用「流程圖」，清楚決定整個企畫案的過程。

先清楚確定「傳達」步驟

在今天的第一次報告中，我想說明的是
「主題與理想畫面的共識」。

提案的時程安排

第一次	第二次	第三次
問題與理想畫面	解決方案的架構	具體做法

嗯，我明白了。

忍住不發牢騷，
面帶笑容正向思考

　　在職場上可能會遇到被主管挑剔，或是主管無論如何都不願意做出判斷的情況。由於工作是需要與人合作的，所以自己無法掌控所有的事情，當然也有進行不順利的時候。

　　只是，像這種事與願違時，必須特別注意自己的言行舉止。雖然怒氣沖沖想跟身邊的人抱怨，但是一定要忍耐。
　　一旦把不滿的情緒發洩出來，就會把那樣的情緒傳染給身邊的人，而且也會被貼上遇到些許不順利就馬上抱怨的人之標籤。

　　工作能夠順利進行的機會大約是五成吧，不順利時的表情會成為大家對你的印象。

　　工作不順利時，就算是裝出來的笑容也好，請表現出朝氣與活力吧。或許挑你毛病的主管也會在意你的反應呢。
　　微笑也是工作的內容之一。
　　像提案這種沒有答案的工作是沒有正確解答的，偶爾也會聽到意想不到的否定意見吧。
　　即便如此，也要感謝對方寶貴的意見，這個意見將會提高下次提案的品質。請以這樣的歡喜心面對對方吧。

務必記得不順利時的抱怨只會造成「惡性循環」

① 雖然瞭解你的心情，但是不能過於被情緒影響。

附錄 「三秒選擇，兩秒決定」的附加叮嚀

以視野的
引擎搭載自己的心

前面介紹了能夠快速完成工作的「三秒選擇，兩秒決定」思考術的技巧。最後，筆者想再談談「三秒選擇，兩秒決定」的人之思考方式。

環顧四周，你會發現真正工作效率高的人都會擁有某個視野，也就是目標。

創立Sony的盛田昭夫先生抱持著「改變外國人認為日本產品品質差的看法」的視野，將Sony扶植成一個大企業。以參加奧林匹克運動會為目標的選手，就是以獲得金牌為目標，才能夠不斷地持續辛苦的鍛練。

如果他們沒有目標，應該就無法像這樣努力練習吧。堅定的視野喚起達成目標的動機，同時也扮演著再怎麼辛苦，也能夠持續走下去的加速引擎角色。

說是視野，並不是日本第一•世界第一的遠大目標，只要是稍微努力一點就能夠達到的「成長」就可以了。「成為公司的Top Sales」、「每天能夠提供客戶感動的服務」，像這樣的目標也行。如果有想實現的目標，這件事就將成為你付諸行動的引擎。

盯著自己設定的目標很重要。請把目標寫在紙上或貼在記事本上。光是看著自己寫下的目標，內心就會產生源源不絕的動力。

就算很辛苦也能夠持續前進，
這是因為眼前有重要的目標

有目標就能夠努力下去！

若想要達到那個目標，今年內一定要完成一半的進度……

雖然很辛苦！

如果沒有目標，馬上就會覺得精疲力竭……

到底還要跑多久啊～

哎，好累喔。

附錄 「三秒選擇，兩秒決定」的附加叮嚀

把考驗視為成長的機會，
並且樂在其中吧！

假設你的目標是「成為公司的Top Sales」，那麼你必須做什麼才能夠達到這個目標？

歷經無數次登門拜訪，培養應對客戶無理要求的能力，成為一個就算遇到困難，也能夠繼續受到信賴的業務員等等，在達到目標之前，這中間的過程絕對不輕鬆。

沒有經歷過嚴苛考驗就快速達成目標的話，若不是真正的天才，就是目標訂得太低了。

連史蒂夫•賈伯斯（Steve Jobs）都有過被他一手創立的蘋果公司逐出公司，然後東山再起的經驗。

如果徹底瞭解想達到目標就得接受考驗的道理，那麼就算發生問題，也會將其視為成長所需的珍貴經驗。

例如，由於自己的失誤使得客戶勃然大怒。內心轉念，把這樣的情況視為「如果因為這樣而獲得暴怒客戶的原諒與信賴，這對自己而言就是一個寶貴的經驗」。

把所有的成長都視為考驗，言語中的細節自然就會改變。面對問題時的被動態度自然也會變得積極向前。這麼一來，身邊的人對你的評價會越來越好，考驗也會成為樂於挑戰的經驗，良性循環因此而產生。

雖然這是一種自我暗示，卻是非常有效的思考方式。

正向思考以創造良性循環

因為發生問題,所以客戶生氣了!

好,如果能夠解決這個難題,我就擁有更接近目標的寶貴經驗!

附錄

3

「三秒選擇，兩秒決定」的附加叮嚀

先設定「幹勁開關」吧！

就算設定目標工作，人也會有低潮、無法集中注意力的時候吧。

像那樣的時候，最有效的做法就是「開啓幹勁開關」。

以下介紹幾個做法。

宣示：寫下或對身邊的人說出今天要做的事情。

競爭：自己暗自決定要比某人做得更好。

記錄：每天記錄拜訪客戶次數等，以刷新記錄為目標。

思考問題：如果腦中有疑問，人就會主動思考。

製造報告的機會：如果需要對誰發表，態度就會變得認真。

製造獎勵的機會：這件工作做完就來吃蛋糕吧！

總之，感覺提不起勁時，自己暗自找一個競爭對手比賽、與主管約定報告時間，或是設定最後的完成時間等，只要花點巧思，就能夠想出許多提起幹勁的方法。

雖說是工作，但也不是每件事都必須戰戰兢兢地面對。一邊樂在其中，一邊找出能夠激發幹勁的開關吧。

「三秒選擇，兩秒決定」的人設定許多開關！

今天之內一定會完成！

宣示

好，我要比前輩還早完成。

前輩

競爭

接下來應該挑戰什麼呢？

思考問題

做完再吃。

製造獎勵機會

這次要啓動哪個幹勁開關呢？

結語 小林的即席回答反擊！

隔週的會議上，小林接受大木前輩的建議，負責說明新商品的企畫內容。

「……所以，關於新商品的研發，我認為應該選擇A方案，不知各位覺得如何？」

會議室中的與會成員，對於小林帶來周詳的企畫案都露出驚訝的表情。

另一方面，大家也緊張地看著總是說出批判性意見的須藤董事會如何反應。

「小林，你考慮得很周詳。不過你能夠保證，如果執行這項計畫就真的會暢銷嗎？」

小林臉上浮出笑容。這是預料中的問題。

「謝謝董事的意見。的確，新商品是未來才要銷售的商品，所以我無法斷言絕對會暢銷。不過，由於我們鎖定了幾項重要功能，而且也降低成本，所以能夠跟每年銷售○萬台的競爭商品X一樣，把價格定在這個區間。這畢竟是我個人的假設，不過光是拿到這數字的二十％，就能夠達到我們設定的目標。」

所有在座的成員對於這樣的回答都感到佩服。

「原來如此，不過前一陣子負責中國市場的高橋部長說……」
須藤部長緩緩地開口。

「中國市場？有什麼新的動向嗎？」小林在腦中快速地把所有訊息掃過一遍。

「據說與競爭對手的人氣商品X相同功能，成本約只有六成的類似商品開始從中國進口，即便如此你也能斷言沒問題嗎？」

「！！這樣啊……」

會議室裡的空氣瞬間凍結。有種「若是那樣的資訊，怎麼不事先說呢」的氣氛。

不過，小林以響亮的聲音開始說話。

「這是我現在才收到的訊息。只是，從功能面來說的話，我們公司的商品比競爭商品X更具有優勢。那個功能確定就是二十歲到三十歲女性，也就是這次的目標客戶所需要的功能。因此，就算從中國進口新的類似商品來日本，他們的功能能夠跟X商品一樣具有優勢嗎？」

「……」

小林不顧支支吾吾的須藤董事，繼續往下說。

「總之，我認為現在要做的就是按照進度針對功能繼續研發，試算能否再降低成本，還有假設消費者對於優異的新功能願意花多少價格購買等等。另外，我會再針對降低成本的方法向各位報告。就這樣照進度進行，各位覺得如何？」

「……你說的確實有道理。小林，那就放手做吧。你能夠即時回答得這麼詳細，表示你有研究過呀。」

「謝謝誇獎！我一定會做出勝過競爭對手的商品。」

大木前輩什麼都沒說地獨自暗笑。

會議就這麼順利地結束。

《佐藤可士和の超整理術》（佐藤可士和著：日本経済新聞出版社）

《使える弁証法》（田坂広志著：東洋経済新報社）

《アナロジー思考》（細谷功著：東洋経済新報社）

《思考の整理学》（外山滋比古著：筑摩書房）

《目に見えない資本主義》（田坂広志著：東洋経済新報社）

《自分のアタマで考えよう》（ちきりん著：ダイヤモンド社）

《7日間で突然頭がよくなる本》（小川仁志著：PHP研究所）

《アイデアのちから》（チップ・ハース、ダン・ハース著：日経BP社）

《統計学が最強の学問である》（西内啓著：ダイヤモンド社）

《正しい判断は、最初の3秒で決まる―投資プロフェッショナルが実践する直感力を磨く習慣》（慎泰俊著：朝日新聞出版）

《たった5秒思考を変えるだけで、仕事の9割はうまくいく》（鳥原隆志著：中経出版）

《独創はひらめかない―「素人発想、玄人実行」の法則》（金出武雄著：日本経済新聞出版社）

《コピーキャット―模倣者こそがイノベーションを起こす》（オーデッド・シェンカー著：東洋経済新報社）

《99％の人がしていないたった1％の仕事のコツ》（河野英太郎著：ディスカヴァー・トゥエンティワン）

《部下を定時に帰す仕事術―「最短距離」で「成果」を出すリーダーの知恵》（佐々木常夫著：WAVE出版）

《どんな時代もサバイバルする人の「時間力」養成講座》（小宮一慶著：ディスカヴァー・トゥエンティワン）

《デッドライン仕事術》（吉越浩一朗著：祥伝社）

《武器としての決断思考》（瀧本哲史著：講談社）

《アイデアのつくり方》（ジェームス・W.ヤング著：阪急コミュニケーションズ）

《考具―考えるための道具、持っていますか？》（加藤昌治著：阪急コミュニケーションズ）

《時代を変える　発想の作り方。》（NHK《らいじんぐ産〜追跡！にっぽん産業史》制作班編集：アスコム）

《ピープルウエア第2版―ヤル気こそプロジェクト成功の鍵》（トム・デマルコ、ティモシー・リスター著：日経BP社）

《キャズム》（ジェフリー・ムーア著：翔泳社）

《100円のコーラを10　00円で売る方法》（永井孝尚著：中経出版）

《ゲーミフィケーション―＜ゲーム＞がビジネスを変える》（井上明人著：NHK出版）

《ビジネス説得学辞典―交渉を支配する986の戦略・理論・技法》（内藤誼人著：ダイヤモンド社）

《リブセンス＜生きる意味＞25歳の最年少上場社長村上大一の人を幸せにする仕事》（上阪徹著：日経BP社）

《赤めだか》（立川談春著：扶桑社）

《ローマ法王に米を食べさせた男―過疎の村を救ったスーパー公務員は何をしたか？》（高野誠鮮著：講談社）

《俺のイタリアン、俺のフレンチ―ぶっちぎりで勝つ競争優位性のつくり方》（坂本孝著：商業界）

《ビジョナリー・カンパニー―時代を超える生存の原則》（ジェームズ・C・コリンズ、ジェリー・I・ポラス著：日経BP社）

《MADE IN JAPAN―わが体験的国際戦略》（森田昭夫、エドウィン・ラインゴールド著：朝日新聞社）

ideaman81
3秒思考，2秒決定！
日本第一創意文具店KOKUYO員工必修的超效率思考術

原書書名／コクヨの「3秒で選び、2秒で決める」思考術	企劃選書／劉枚瑛
原出版社／株式会社KADOKAWA	責任編輯／劉枚瑛
作　　者／下地寬也	
譯　　者／陳美瑛	

版　　權／吳亭儀、翁靜如
行銷業務／林彥伶、石一志
總 編 輯／何宜珍
總 經 理／彭之琬
發 行 人／何飛鵬
法律顧問／台英國際商務法律事務所　羅明通律師
出　　版／商周出版
　　　　　臺北市中山區民生東路二段141號9樓　電話：(02) 2500-7008　傳真：(02) 2500-7759
　　　　　E-mail：bwp.service@cite.com.tw
發　　行／英屬蓋曼群島商家庭傳媒股份有限公司城邦分公司
　　　　　臺北市中山區民生東路二段141號2樓
　　　　　讀者服務專線：0800-020-299　24小時傳真服務：(02)2517-0999
　　　　　讀者服務信箱E-mail：cs@cite.com.tw
　　　　　劃撥帳號／19833503　戶名：英屬蓋曼群島商家庭傳媒股份有限公司城邦分公司
訂購服務／書虫股份有限公司客服專線：(02)2500-7718；2500-7719
　　　　　服務時間：週一至週五上午09:30-12:00；下午13:30-17:00
　　　　　24小時傳真專線：(02)2500-1990；2500-1991
　　　　　劃撥帳號：19863813　戶名：書虫股份有限公司　E-mail：service@reading club.com.tw
香港發行所／城邦(香港)出版集團有限公司
　　　　　香港 灣仔 駱克道193號超商業中心1樓
　　　　　電話：(852) 2508 6231　傳真：(852) 2578 9337
馬新發行所／城邦(馬新)出版集團
　　　　　Cité (M) Sdn. Bhd. (458372U)
　　　　　11, Jalan 30D/146, Desa Tasik, Sungai Besi,
　　　　　57000 Kuala Lumpur, Malaysia.
　　　　　電話：(603)9056 3833　傳真：(603)9056 2833
商周出版部落格／http://bwp25007008.pixnet.net/blog
行政院新聞局北市業字第913號

國家圖書館出版品預行編目(CIP)資料

3秒思考,2秒決定!日本第一創意文具店KOKUYO
員工必修的超效率思考術／下地寬也作；陳美瑛譯.
-- 初版. -- 臺北市：商周出版：家庭傳媒城邦分公司
發行, 民104.08　面；　公分
譯自：コクヨの「3秒で選び,2秒で決める」思考術
ISBN 978-986-272-836-9(平裝) 1.工作效率 2.思考
494.01　　　　　　　　　　　　　　　104010912

美術設計／林家琪
印　　刷／卡樂彩色製版有限公司
總 經 銷／高見文化行銷股份有限公司　客服專線：0800-055-365
　　　　　電話：(02)2668-9005　傳真：(02)2668-9790

■2015年（民104）08月初版
定價270元
著作權所有，翻印必究
ISBN 978-986-272-836-9

Printed in Taiwan
城邦讀書花園
www.cite.com.tw